晶体生长基础与技术

王国富　李凌云　著

科学出版社

北京

内 容 简 介

本书系统介绍了人工晶体生长的基础理论和相图技术，在此基础上全面介绍了人工晶体生长主流技术如水溶液法、助熔剂法、水热法、焰熔法、提拉法和坩埚下降法等，详细介绍了上述人工晶体生长技术的基本原理、设备设计与构造、生长工艺以及它们的优缺点等。同时，作者结合自身多年科研工作成果积累，选择性介绍了几种重要的光电子晶体材料的生长技术。

本书可作为高年级本科生、硕士和博士研究生以及从事晶体材料研究初期工作人员的学习参考书和入门引导。

图书在版编目(CIP)数据

晶体生长基础与技术 / 王国富，李凌云著. —北京：科学出版社，2023.3
ISBN 978-7-03-074843-0

Ⅰ. ①晶… Ⅱ. ①王… ②李… Ⅲ. ①晶体生长 Ⅳ. ①O78

中国国家版本馆 CIP 数据核字(2023)第 027016 号

责任编辑：李明楠 李丽娇 / 责任校对：杜子昂
责任印制：赵 博 / 封面设计：图阅盛世

科学出版社 出版
北京东黄城根北街 16 号
邮政编码：100717
http://www.sciencep.com

北京富资园科技发展有限公司印刷
科学出版社发行 各地新华书店经销
*
2023 年 3 月第 一 版 开本：720×1000 1/16
2024 年 8 月第三次印刷 印张：13 1/2
字数：272 000

定价：128.00 元
（如有印装质量问题，我社负责调换）

作者简介

王国富 1949 年 11 月生，福建福州人，博士，中国科学院福建物质结构研究所二级研究员，博士生导师，原晶体材料研究室主任。1977 年毕业于福州大学化学化工系，1996 年获英国思克莱德大学物理哲学博士学位。长期从事光电子功能晶体材料及其晶体生长研究，参加研究工作以来获得 10 项科技成果：国家科技进步奖二等奖 1 项，省部级科学技术奖一等奖 3 项、二等奖 5 项、三等奖 1 项。发表论文 280 多篇，出版《可调谐激光晶体材料科学》著作 1 部，参编英文著作 4 部，获得国家授权发明专利 35 件和实用新型专利 5 件。获国务院政府特殊津贴、全国化工优秀科技工作者、首届福建省优秀人才和第七届福建紫金科技创新奖等荣誉称号。先后受邀任中国硅酸盐学会晶体生长与材料分会副理事长、中国光学学会光学材料专业委员会副主任、《人工晶体学报》副主任委员、福州市委和市政府科技顾问、福建师范大学客座教授和国家特种矿物材料工程技术研究中心客座研究员。

李凌云 1985 年 2 月生，河南南阳人，博士，教授，博士生导师。2012 年于中国科学院福建物质结构研究所获得物理化学专业博士学位毕业后，在福州大学材料科学与工程学院工作至今，2013～2016 年福耀玻璃工业集团股份有限公司博士后，2017～2018 年美国西北大学访问学者。研究方向聚焦于光功能晶体材料的结构设计、晶体生长及其在激光、荧光探针方面的应用。作为主要完成人之一获福建省科技进步奖一等奖 1 项，作为第一完成人获福建省教学成果奖一等奖 1 项。主持国家自然科学基金 3 项，福建省自然科学基金 2 项。以第一作者/通讯作者在 *J. Am. Chem. Soc.*，*Angew. Chem. Int. Ed.*，*Cryst. Growth & Des.*，*Sci. China Mater.* 等期刊发表 SCI 论文近 30 篇。在光功能材料的生产装置、生长技术方面以第一完成人获得国家授权发明专利 11 件，并申请 1 件美国发明专利。作为主编出版数字教材 1 部。担任中国稀土学会稀土晶体专业委员会委员、福建省硅酸盐学会副理事长兼法定代表人及多家学术期刊审稿专家。

前　　言

现代晶体生长技术作为一门科学技术始于 20 世纪 50 年代初。随着晶体生长理论的完善和晶体生长技术的进步，人工晶体材料有了飞跃式发展，一大批新型功能晶体材料的出现大力推动了科学进步，提高了人类生产生活水平。近年来，随着新原理、新技术的不断涌现，晶体材料科学领域发展迅猛，不断有新型人工晶体材料被研发出来并获得实际应用，尤其是在光电子领域，人工晶体材料已成为关键核心材料，日益受到各国政府和科学家的重视。

我国人工晶体材料的研究开始于 20 世纪 50 年代中期。我国人工晶体材料研究始终立足国际前沿，坚持自主创新，经历了从无到有、从零星实验室研究到大规模产业化的发展过程，并在国际上占有一席之地，其发展历程可谓波澜壮阔。现在，我国的人工水晶、单晶硅、人造金刚石、铁电压电 LN 和 LT 晶体及各类宝石等晶体已形成高技术产业，偏硼酸钡（BBO）、三硼酸锂（LBO）、倍频材料磷酸氧钛钾（KTP）、锗酸铋（BGO）、钒酸钇（YVO_4）、钨酸铅（$PbWO_4$）等晶体的质量与性能已达到国际领先水平，成为国际市场上的有力竞争者。

晶体生长技术是晶体材料科学的重要组成部分和关键技术之一。本书从晶体生长的理论基础、主流晶体生长技术方法和晶体生长技术在晶体材料中的应用三方面对晶体生长技术进行了系统归纳和总结。第 1 章对人工晶体生长的研究历史、基本概念、研究范畴进行了简要概括，系统阐述了晶体生长的主要理论基础，并对晶体生长方法进行分类；第 2 章重点阐明晶体生长的热力学基础，即相图的基本理论和分类、相图在晶体生长中的应用及测定相图的方法与技术；第 3 章～第 5 章阐述了从溶液中生长晶体的三种主要技术方法，即水溶液法晶体生长、助熔剂法晶体生长和水热法晶体生长，详细介绍它们的晶体生长设备结构设计、温场设计技术和原料配方设计等；第 6 章～第 8 章介绍内容涵盖了从熔体中生长晶体的三种主要方法，即焰熔法、提拉法和坩埚下降法，详细叙述它们的晶体生长设备结构设计、温场设计技术和生长工艺技术等；第 9 章介绍了晶体生长技术在几种代表性光电子晶体创新成果领域的具体应用。

本书是作者根据近四十年来晶体材料研究工作和晶体科学人才培养积累的成果与知识撰写而成的，在理论上力求系统但不做过多数学公式描述，在技术上突出实用性、先进性和可操作性，在应用上则突出创新性。本书可作为高年级本科生、硕士和博士研究生以及从事晶体材料研究初期的工作人员的学习参考书和入门引导，在本书的指导下可独立开展晶体生长研究，尤其是晶体生长平台搭建和晶体生长工艺设计等。

　　限于作者的水平和时间，本书不足之处在所难免，敬请读者批评指正。

2023 年 1 月于福州

目　　录

第1章 晶体生长理论基础

1.1 引 言[1-14]

晶体生长是一门非常古老的"艺术"，晶体生长的历史渊源可追溯至古代的食盐、食糖的制取技术，食盐是从饱和溶液中生长出的一种人造结晶体。我国有五六千年悠久的制盐史，是产盐最早的国家，早在 1600 多年前（348～354 年）《华阳国志·蜀志》古书中，就有"井有二水，取井火煮之，一斛水得五斗盐"的制盐技术记载。明末宋应星的《天工开物·作咸》对制盐工艺有详细的叙述，至今还在沿用，且大多是取卤水作原料，或柴火煎煮，或风吹日晒，水分蒸发后便得到食盐。

虽然早期处于萌芽状态的人工晶体生长活动出现得很早，但是现代人工晶体生长的起步却很晚。现代晶体生长工作从某种意义上来说，始于 19 世纪中叶，一群地质学家们模拟自然界的成矿作用，研究地球化学相平衡和合成晶体，在高温高压液体中合成生长了许多材料的小晶体。1902 年 Verneuil[1]发明了焰熔法，这是第一个从熔体中生长晶体的方法，它是一种无坩埚晶体生长方法，主要用于宝石的工业生产，开启了现代工业化晶体生长。1905 年 Spezia[2]发明了水热法并成功用于生长人工水晶，1917 年 Czochralski[3]发明了提拉法，1925 年 Bridgman[4]发明了坩埚下降法，1952 年 Pfann[5]发明了水平区熔法。20 世纪 50 年代初期，庞大的半导体工业对晶体生长提出了迫切的要求，但这时的晶体生长工作仍然停留在工艺阶段，理论远远落后于实践。从历史发展来看，20 世纪 50 年代以前的晶体生长只是一种经验工艺技术。

现代晶体生长作为一门科学技术是从 20 世纪 50 年代开始的，自此之后人工晶体生长才有了飞跃式的发展，不仅体现在人工晶体生长理论、人工晶体生长技术上，还发现了一大批极有价值的新晶体材料，为科学进步和人类生活水平提高做出了极大的贡献。这里有两方面的原因：首先是由于新固态技术方面的要求，新固态技术不但要求大的晶体，而且要求高质量的晶体；其次是晶体生长理论的发展。1949 年，英国法拉第协会在布里斯托尔（Bristol）举行了第一次关于晶体生长的讨论会，会上弗兰克（F. C. Frank）第一次提出非完整光滑理论模型（Frank

模型），或称为螺旋位错模型，这次会议奠定了后来晶体生长理论的基础，紧接着又发展了 W. K. Burton、N. Cubrera 和 F. C. Frank 理论，简称 BCF 理论[6-9]，对现代晶体生长理论发展起着推动作用。

我国人工晶体材料的研究开始于 19 世纪 50 年代中期，人工晶体材料的生长研究从无到有、从零星的实验室研究发展到现在的规模化产业。人工晶体作为高科技领域和现代军事技术不可缺少的关键材料，越来越受到各国政府和科学家的重视。中国人工晶体材料研究始终立足国际前沿，坚持自主创新，在国际上已占有一席之地[10]。现在我国的人工水晶、单晶硅、人造金刚石、铁电压电 LN 和 LT 晶体及各类宝石等晶体已成为一个高技术产业，磷酸氧钛钾（KTP）、偏硼酸钡（BBO）、三硼酸锂（LBO）、锗酸铋（BGO）、钒酸钇（YVO_4）、钨酸铅（$PbWO_4$）等晶体的制造已达到国际先进和领先水平，且均已进入国际市场的竞争行列。

晶体生长是一个动态过程，是在一定热力学条件下控制物质相变的过程，涉及体系中的热量、质量等输送过程及生长界面形态与温度等诸多方面的控制，受到晶体生长热力学与动力学等各种因素相互作用的影响。晶体生长多半是使物质从液态（熔体或溶液）变为固态，这就涉及热力学中相平衡和相变的问题，属于热力学问题。另外，在晶体生长中涉及不同条件下的晶体生长机制、晶体生长速率和生长驱动力间的规律、晶体生长界面决定生长机制等生长动力学问题。因此，要掌握和了解晶体生长原理和技术必须了解以下几方面的内容：

（1）晶体生长技术的分类；

（2）晶体处于稳定态的热力学过程；

（3）生长界面的热力学；

（4）晶体生长的动力学；

（5）各种生长技术方法的工艺。

除了上述内容以外，还涉及晶体生长的晶体物理、晶体形貌学等理论基础，这些理论和概念已有许多专著论述[11-14]，本章仅就晶体生长热力学和动力学过程、晶体生长理论模型、溶液晶体生长和熔体晶体生长机理做扼要介绍。

1.2　晶体生长技术的分类

按照生长单晶时的状态，晶体生长技术可以分为气相、液相、固相三种生长方法。

1.2.1　气相生长法

气相生长法的原理是将拟生长的晶体材料通过升华、蒸发、溅射或分解等过程转化为气态，然后在适当的条件下使它成为过饱和蒸气，使之沉积，实现物质从源物质到固态薄膜的可控的原子转移。气相生长法主要用于晶须、板状晶体和外延薄膜（同质外延和异质外延）的生长。气相生长法包括真空蒸发镀膜法、升华法、气相外延生长法、化学气相沉积法等。

特点：气相生长法生长的晶体纯度高、完整性好。

缺点：晶体生长的气相分子密度低，气相与固相的比容相差大，使得从气相中生长晶体的速率比从熔体或溶液中生长的速率低很多。

适用范围：主要用来生长从熔体或溶液中难以生长的材料、晶须及厚度大约在几微米到几百微米的薄膜材料。

1.2.2　液相生长法

1. 从溶液中生长

广泛的液相生长法包括水溶液、有机溶液和其他无机溶液、熔盐（高温溶液）及在水热条件下的溶液，最普遍的是从水溶液中生长晶体。从溶液中生长晶体的原理是：将原料（溶质）溶解在某种溶剂中，根据溶液的溶解度曲线，通过缓慢的降温，使溶液达到过饱和状态而结晶。或者是采用蒸发等方法，将溶剂挥发掉，使溶液浓度增高，达到过饱和状态而结晶。在溶液中晶体生长过程中涉及液相→固相转变过程。图 1-1 示出几种主要的从溶液中生长的晶体生长方法。

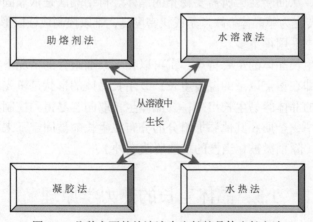

图 1-1　几种主要的从溶液中生长的晶体生长方法

2. 从熔体中生长

从熔体中生长单晶是制备大单晶和特定形状的单晶最常用和最重要的一种方法，具有生长快、晶体的纯度和完整性高等优点。从熔体中生长晶体的基本原理是：将原料在高温下完全熔融，将固体熔化为熔体，熔体在受控的条件下实现定向凝固，当熔体的温度低于凝固点时，熔体就会凝固成结晶固体。采用不同技术手段，在一定条件下制备出满足一定技术要求的单晶体材料。熔体晶体生长过程是通过固-液界面的移动来完成的，只涉及液相→固相转变过程。图 1-2 示出几种主要的从熔体中生长的晶体生长方法。

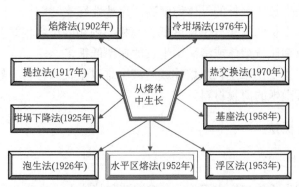

图 1-2 几种主要的从熔体中生长的晶体生长方法

1.2.3 固相生长法

固相生长法主要包括高温高压法和再结晶法。固相材料在一定的温度、压强范围内都具有一种稳定的结构，高温高压法就是利用高温高压手段，使固态材料发生结构相变，从而转变为所需要物相的晶体。再结晶法是依靠固体材料中的扩散，使多晶体转变为单晶体。缺点是成核密度高，难以控制成核以形成大单晶，所以在晶体生长中采用得不多。

从固相中生长晶体的主要特点：①可以在不添加组分的情况下，在较低温度下进行生长，即在熔点以下的温度生长；②生长晶体的形状是事先固定的，所以丝、箔等形状的晶体容易生长出来；③晶体生长取向容易得到控制；④除脱溶以外的固相生长中，杂质和其他添加组分的分布在生长前被固定下来，并且不被生长过程所改变（除稍微被相当慢的扩散所改变外）。

1.3 晶体生长的热力学原理

晶体生长是一个动态过程，是从非平衡状态向平衡状态过渡的过程，当体系到达两相平衡状态时，并不能生成新相。只有旧相处于过饱和（过冷状态）时，即热力学条件处于非稳定态时，才会产生新相，随着新相界面不断向旧相推移，完成晶核与晶体长大过程。图 1-3 示出单组分相图与晶体生长关系，图中实线 1 和实线 3 分别为气-固和液-固两相平衡线，虚线 2 和虚线 4 分别为成核时临界过饱和线，阴影部分为饱和区，即亚稳区。亚稳区指的是一个理论上应该发生相变，而实际上不能发生相变的区域。在亚稳区内，旧相能以亚稳态存在，虽然不能自发产生新相，但是当有外来杂质或外界能量的影响下，也有可能形成新相，使亚稳区缩小。因此，只有体系有一定的过饱和（过冷）度，越过亚稳区才能自发发生相变。

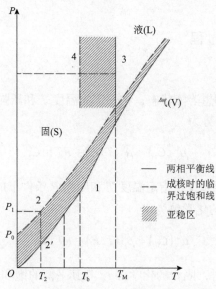

图 1-3　单组分体系 $P\text{-}T$ 相图与晶体生长

1.3.1　气-固相转变过程

在气相晶体生长时，体系从气相转变为固相的相变过程中，体系释放出相变潜热，体系的自由能发生变化，每摩尔物质自由能改变量 ΔG 为

$$\Delta G = \int_{P_1}^{P_0} V \mathrm{d}P = \int_{P_1}^{P_0} \frac{RT}{P} \mathrm{d}P = RT \ln \frac{P_0}{P_1} = -RT \ln \frac{P_1}{P_0} \qquad (1\text{-}1)$$

定义 $\alpha = \dfrac{P_1}{P_0}$ 为饱和比，$A = \dfrac{P_1 - P_0}{P_0} = \alpha - 1$ 为过饱和度。

一个原子（分子）在相变过程中自由能变化 Δg 为

$$\Delta g = -\frac{RT}{N_0} \ln \frac{P_1}{P_0} \qquad (1\text{-}2)$$

式中，N_0 为阿伏伽德罗常量，$\dfrac{R}{N_0} = k$，k 为玻尔兹曼常量。

单个原子（分子）体积为 V_m，单位体积的自由能 Δg_V 变化为

$$\Delta g_V = -\frac{kT}{V_m}\ln\frac{P_1}{P_0} = -\frac{kT}{V_m}\ln\alpha \tag{1-3}$$

那么，只有 $P_1 > P_0$ 或 $\alpha > 1$ 时，ΔG、Δg、Δg_V 为负值，气-固相转变才能自发进行。

1.3.2　液-固相转变过程

1. 从溶液中生长

溶液处于近似于理想溶液状态，在一定的温度 T 和压强 P 时，溶液中的溶质 i 的浓度为 C_1 时的化学势为

$$\mu_i^L(C_1) = \mu_i^0(T,P) + RT\ln C_1 \tag{1-4}$$

式中，$\mu_i^0(T,P)$ 为纯溶质 i 在指定温度 T 和压强 P 条件下的化学势。在同样条件下，饱和溶液浓度 C_0 的化学势为

$$\mu_i^L(C_0) = \mu_i^0(T,P) + RT\ln C_0 \tag{1-5}$$

当固-液两相平衡时，固相的化学势 μ_i^S 与其平衡的饱和溶液的化学势相等，

$$\mu_i^S = \mu_i^L(C_0) = \mu_i^L(T,P) + RT\ln C_0 \tag{1-6}$$

从过饱和溶液中生长晶体时，自由能的变化 ΔG 为

$$\begin{aligned}\Delta G &= \mu_i^S - \mu_i^L(C_1) = \mu_i^L(C_0) - \mu_i^L(C_1) \\ &= RT\ln C_0 - RT\ln C_1 = -RT\ln\frac{C_1}{C_0}\end{aligned} \tag{1-7}$$

从式（1-7）可以知道，只要 $C_1 > C_0$，$\Delta G < 0$，固-液相变过程就能自发进行。

2. 从熔体中生长

在凝固温度下，固-液相变过程中单位体积自由能的变化 Δg_V 为

$$\Delta g_V = \psi_S(T) - \psi_L(T) \tag{1-8}$$

式中，$\psi_S(T)$、$\psi_L(T)$ 分别表示体系在凝固温度下时，固-液两相单位体积的自由能。

在熔点温度 T_M，固-液两相平衡时

$$\psi_{\mathrm{S}}\left(T_{\mathrm{M}}\right)=\psi_{\mathrm{L}}\left(T_{\mathrm{M}}\right) \tag{1-9}$$

则

$$\Delta g_{V}=\left[\psi_{\mathrm{S}}(T)-\psi_{\mathrm{S}}\left(T_{\mathrm{M}}\right)\right]-\left[\psi_{\mathrm{L}}(T)-\psi_{\mathrm{L}}\left(T_{\mathrm{M}}\right)\right] \tag{1-10}$$

式（1-10）的泰勒级数展开式为

$$\Delta g_{V}=\left[\frac{\partial \psi_{\mathrm{S}}}{\partial T}\left(T-T_{\mathrm{M}}\right)+\frac{1}{2}\frac{\partial^{2}\psi_{\mathrm{S}}}{\partial T^{2}}\left(T-T_{\mathrm{M}}\right)^{2}+\cdots\right]$$
$$-\left[\frac{\partial \psi_{\mathrm{L}}}{\partial T}\left(T-T_{\mathrm{M}}\right)+\frac{1}{2}\frac{\partial^{2}\psi_{\mathrm{L}}}{\partial T^{2}}\left(T-T_{\mathrm{M}}\right)^{2}+\cdots\right] \tag{1-11}$$

$$\Delta g_{V}=\left(\frac{\partial \psi_{\mathrm{S}}}{\partial T}-\frac{\partial \psi_{\mathrm{L}}}{\partial T}\right)\left(T-T_{\mathrm{M}}\right) \tag{1-12}$$

式中，$\left(T-T_{\mathrm{M}}\right)=\Delta T$，为体系的过冷度，因为 $\frac{\partial \psi}{\partial T}=-S$，所以

$$\Delta g_{V}=\left(S_{\mathrm{L}}-S_{\mathrm{S}}\right)\Delta T \tag{1-13}$$

$$\Delta g_{V}=\frac{\Delta H}{T_{\mathrm{M}}}\Delta T \tag{1-14}$$

式中，ΔH 为熔化潜热 $(\Delta H>0)$；S_{L}、S_{S} 分别为液相和固相时单位体积的熵。

从式（1-14）可以看出，只有熔体生长体系存在一定过冷度，即 $\Delta T<0$ 时，$\Delta g_V<0$，晶体生长过程才能自发进行。

1.4　晶体生长理论构造模型

当晶体生长不受外界任何影响时，晶体将生长成理想晶体，它的内部结构严格服从空间格子规律，外形为规则的几何多面体。实际上晶体在生长过程中，真正理想的晶体生长条件是不存在的，总会不同程度地受到复杂外界条件的影响，不能严格地理想发育。此外，在晶体形成之后，也可能受到溶蚀和破坏，最终在自然界中存在的是实际晶体，实际晶体其内部构造并非是严格按照空间格子规律所形成的均匀的整体。一个真实的单晶体，实际上是由许多个别的两相均匀块段组成的，这些块段并非严格的互相平行，从而形成"镶嵌构造"。在无机晶体结构中还会存在空位、位错等各种构造缺陷，有时还存在部分质点的代换及各种包裹体等。

晶体生长过程实际上是生长基元从周围环境中不断地通过界面进入晶格座位的过程,在进入晶格座位过程中又受到界面结构的制约。人们一般认为在液相或气相中生长晶体,是先成核,而后再长大,其生长过程分三个阶段:①介质达到过饱和阶段;②成核阶段;③生长阶段。为了解决晶体生长机制问题,人们曾先后提出了一些晶体生长界面结构理论模型,目前占主流的两个主要晶体生长理论是:①层生长理论;②螺旋生长理论。

1.4.1 晶体层生长理论[15,16]

1927 年科塞尔(W. Kossel)[15]首先提出层生长理论,即晶体是一层一层地生长,后经斯特兰斯基(I. N. Stranski)[16]等进一步发展了层生长理论,这种生长机制可用科塞尔-斯特兰斯基模型来解释。

在 0 K 时,质点紧密堆积成平坦的晶面,阶梯和扭折很少,如图 1-4 所示。当温度上升后,由于热振动的作用,晶体表面含有的未成键的质点(原子、离子、分子等)倾向于脱离晶体表面。它们脱离晶体表面的顺序可能首先是表面附着的原子,然后依次是扭曲位置点上的原子、阶梯位置上的原子,最后是构成平面的原子。脱离出晶体的质点一部分进入介质体系中,一部分停滞在晶体的表面上,此时从晶体上脱离的微粒大于介质体系供给的微粒,这就是晶体表面溶解的过程。

反之,当晶体生长时,介质体系供应给晶体表面的微粒大于从晶体上脱离的微粒,由介质体系供给晶核光滑表面上生长一层原子面时,它有可能再回到原处,或在表面周围活动。质点在界面上进入晶格“座位”的最佳位置是具有三面凹入角的位置,如图 1-5 中 k 点位置,质点在此位置上与晶核结合成键放出的能量最大,因为每一个来自环境相的新质点在环境相与新界面上的晶格上就位时,最可能结合的位置是能量上最有利的位置,即结合成键时应该是成键数目最多、释放出能量最大的位置。图 1-5 示出质点在生长中的晶体表面上所有可能的各种生长位置:k 为曲折面,具有三面凹入角,是最有利的生长位置;其次是 S 阶梯面,具有二面凹入角的位置;最不利的生长位置是 A。由此认为,当晶体在理想状态下

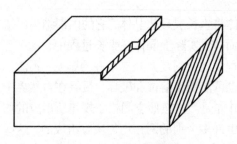

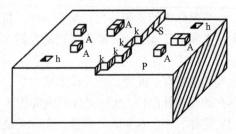

图 1-4 0 K 时晶体表面　　　　　图 1-5 晶体生长过程表面状态图解

P. 平坦面;S. 阶梯面;k. 曲折面;A. 吸附分子;h. 空洞

生长时，先长成一条行列，然后长相邻的行列。在长成一层面网后，再开始长第二层面网，通过晶面（最外面的面网）向外平行推移而使晶体不断生长，这就是晶体的层生长理论。

层生长理论可以解释以下一些生长现象：

（1）晶体常生长成为面平、棱直的多面体形态。

（2）在晶体生长的过程中，环境可能有所变化，不同时刻生长的晶体在物性和成分等方面可能有细微的变化，因而在晶体的断面上经常可以看到带状结构，它表明晶面是平行向外推移生长的。

（3）由于晶面是向外平行推移生长的，因此相同晶体上对应晶面角的夹角不变。

（4）晶体从小长大，许多晶面向外平行推移的轨迹形成以晶体中心为顶点的锥状体，称为生长锥或砂钟状构造，在晶体薄片中经常观察到这种现象。

然而，晶体生长的实际情况要比简单层生长理论复杂得多，往往一次沉淀在一个晶面的物质层的厚度可达几万或几十万个分子层。有时并不一定按顺序堆积，而是一层尚未长完，又有一个新层开始生长。这样继续生长的结果，使晶体表面不平坦，成为阶梯状（晶面阶梯），阶梯向二维方向扩展，并扫过这个晶面。科塞尔理论虽然有其正确的一面，但有一定的局限性。科塞尔理论强调了晶体二维层生长的规律，但实际晶体生长过程并非完全按照二维层生长的机制进行，因为当晶体的一层面网生长完成后，再在其上面开始生长第二层面网时有很大的困难，其原因是已长好的面网对溶液中质点的引力较小，不易克服质点的热振动使振动就位。因此，在过饱和度或过冷度较低的情况下，晶体生长就需要用其他的生长机制加以了解。

1.4.2　晶体螺旋生长理论[6-9,17]

科塞尔的层生长理论是建立在完善晶体的理想几何晶格的基础上，而实际晶体中存在各种各样的缺陷，并非是完善的理想晶体。Frank[6]研究了晶体生长的各种可能性之后，1949 年在英国举行的法拉第协会学术讨论会首先提出了螺旋位错的生长理论，成功地解决了这一矛盾。紧接着 Burton、Cubrera 和 Frank[7-9]根据气相中晶体的生长，估计形成二维核所必需的过饱和度，并提出了著名的晶体螺旋生长理论，简称 BCF 理论。他们研究了气相中晶体生长的情况，估计二维层生长所需的过饱和度不小于 25%～50%。然而在实验中却难以达到与过饱和度相应的生长速率，并且在过饱和度小于 1%的气相中晶体也能生长，这种现象并不是层生长理论所能解释的。他们根据实际晶体结构的各种缺陷中最常见的位错现象，提出了晶体的螺旋生长理论，即晶体生长界面上螺旋位错露头点所出现的凹角及其延伸所形成的二面凹角可作为晶体生长的台阶源，促进光滑界面上的生长。这样成功地解释了晶体在很低的过饱和度下能够生长的实际现象。

　　根据 BFC 理论，晶体在生长过程中不需要形成二维临界晶核，晶体生长界面上的螺旋位错露头点就可作为晶体生长台阶源，即在晶体生长界面上螺旋位错露头点所出现的凹角及其延伸所形成的二面凹角可作为晶体生长的台阶源，位错的出现为晶体的界面上提供了一个永不消失的台阶源，晶体将围绕着螺旋位错露头点旋转生长，螺旋式的台阶并不随着原子面网一层层生长而消失，从而使螺旋式生长持续下去。螺旋状生长与层状生长不同的是，台阶不直线式地等速前进扫过晶面，而是围绕着螺旋位错的轴线螺旋状前进，如图 1-6 所示。螺旋生长理论成功地解释了晶体在很低的过饱和度下半个生长的实际情况，随着晶体的不断长大，最终表现在晶面上形成能提供生长条件信息的各种样式的螺旋纹。印度结晶学家 Verma[17]通过对 SiC 晶体表面上的生长螺旋纹及其他大量螺旋纹的观察，得到图 1-7 示出的在 SiC 晶体中观察到近似阿基米德式的螺旋纹，证实了这个理论在晶体生

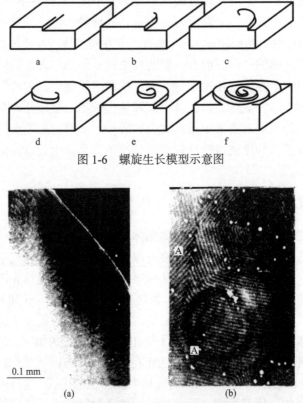

图 1-6　螺旋生长模型示意图

图 1-7　SiC 晶体（0001）面上近似阿基米德式的螺旋纹[17]

（a）圆形螺旋纹；（b）多角形螺旋纹

长过程中的重要作用。因 BCF 理论是以固-液界面光滑的低指数面为前提建立起来的，它主要适合于这种固-液界面性质的气相或溶液相的晶体生长。因而 BCF 理论不适合于这种固-液界面粗糙的溶液或固相间、晶粒边界移动的固相晶体生长中，它们在生长过程中，结晶微粒大多数是直接进入晶体结构内的，没有必要借助于螺旋位错生长。

1.5　溶液法晶体生长理论基础

1.5.1　溶液法晶体生长的基本原理

当物质在溶液中的浓度值低于平衡浓度时物质会继续溶解，而当物质的浓度高于平衡浓度时溶液则处于不稳或亚稳状态，超出部分很容易沉析出来。平衡浓度、溶解度和饱和浓度都是同一概念的不同叫法，通常的溶解度曲线就是平衡浓度与温度的关系曲线。若从通常的溶解度曲线（图 1-8）来看，溶解度曲线以上的区域是过饱和的，它表示这些区域的溶质浓度高于平衡浓度，溶解度曲线以下的区域是不饱和的。

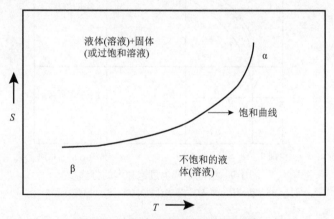

图 1-8　溶解度 S-温度 T 的关系曲线

人们通常把实际浓度高出平衡浓度的值，$\Delta S = C - C_{平衡}$，定义为过饱和度，式中 C 为实际浓度，$C_{平衡}$ 为平衡浓度（即溶解度 S）。过饱和的溶液是不稳定的，如果过饱和度足够大，它将沉淀出溶质，或者在溶液中或器壁上自发成核。如果在溶液中引入溶质晶体（籽晶），则过剩的溶质就会往晶体上沉积，即使过饱和度很低也是如此，一直到其浓度降低成饱和浓度为止。因此可以说，溶液过饱和是晶体生长的必要条件，过饱和度是晶体生长的驱动力。不过，倘若没有籽晶，纯净而不受扰动的过饱和溶液通常可以保持很长时间而不会析出溶质，尽管它们在热力学上是不稳定的。

晶体生长最基本的条件就是使溶液产生适当的过饱和度。晶体从含有助熔剂的溶液中生长时，所需的过饱和度通常可通过缓慢冷却溶液、溶剂挥发或在溶液中造成温度梯度来获得。利用图 1-9 所示的二元共晶体系相图，来进一步说明助熔剂法生长晶体的原理。在静止和无籽晶的条件下，将组成为 N_A 在温度 T_A 上平衡的溶液冷却到 T_B 时，即有自发成核出现。在液相线和与 B 相交的虚线之间的区域，可以说溶液是过冷的或过饱和的。只有当温度下降到 T_B 形成临界晶核之后，晶体材料才可能沉积。这说明溶液在液相线与 B 之间的区域是亚稳的。人们通常把这一区域称为亚稳区。获得过饱和度的方法可用图 1-9 所示的相图来进行说明，有以下三种：

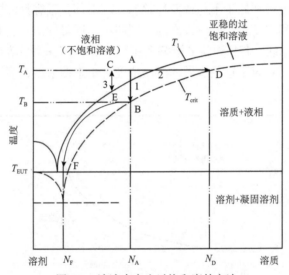

图 1-9　溶液中产生过饱和度的方法

1. ABF：缓冷法；2. AD：蒸发法；3. CE：温度梯度输运法

（1）缓冷法：如曲线 1 所示，成分为 N_A 的溶液温度降至 T_B 时，临界晶核形成。如再从 T_B 继续降温，则晶核就会在低很多的过饱和度下逐渐发育生长；生长可以一直进行到降温结束，同时溶液成分变至 N_F，但最多只能降至共晶点。

（2）蒸发法：曲线 2 代表蒸发生长过程，当让溶剂在恒定温度 T_A 下蒸发，则溶液浓度即可从 N_A 平穿亚稳区逐渐变化至 N_D，并在该处成核生长。

（3）温度梯度输运法：曲线 3 代表的是温度梯度输运过程，当溶剂在高温处溶解溶质至饱和，并通过对流到达低温区，这时溶液就由饱和变成过饱和。过剩的溶质就会成核生长，浓度降低之后的溶液又经对流，回流至高温区再度溶解达到饱和，这样周而复始就构成了溶质的温度梯度输运过程。

在实际操作中，三种作用都可能同时出现，只是主次不同而已。这个相图中，溶剂可以是一种单质、一种化合物或一些化合物的组合。一般来说，溶质可以是熔点比溶剂高的单质或化合物。

溶液生长晶体所需要解决的主要问题是：①如何使溶液产生过饱和度，这是解决晶体生长驱动力的问题；②如何控制成核数目和位置，即解决生长中心的问题，最好能实现单一核心的生长；③如何提高溶质的扩散速率，从而提高生长速率；④如何提高溶解度、提高晶体产量和尺寸；⑤如何减少或避免枝蔓生长和包裹体等缺陷；⑥如何控制生长晶体的成分和掺质的均匀性。

1.5.2　溶液中晶体生长过程的物理化学基础

1. 相平衡和结晶过程驱动力[12,18,19]

从溶液中生长晶体是一个不平衡的液相→固相的相变过程，当固相物质 A 溶解于溶剂中并达到饱和状态时，可用下述化学方程式来描述：

$$A_{\text{固}} \rightleftharpoons A_{\text{溶液}} \tag{1-15}$$

$$K = \frac{[\alpha]_{\text{e}}}{[\alpha]_{\text{e}}(S)} \tag{1-16}$$

式中，$[\alpha]_{\text{e}}$ 为饱和溶液中的平衡活度；$[\alpha]_{\text{e}}(S)$ 为固相中的平衡活度；K 为平衡常数。选取标准状态，使 $[\alpha]_{\text{e}}(S)=1$，则 $K=[\alpha]_{\text{e}}$。在多组分的体系中，组分活度 α_i 其摩尔分数 x_i 的关系为

$$\alpha_i = \gamma_i x_i \tag{1-17}$$

式中，γ_i 为组分 i 的活度系数。如果 $\gamma_i = 1$，则该组分服从拉乌尔（Raoult）定律；若 $\gamma_i \neq 1$，则服从亨利（Henry）定律。

通常将溶液中含量大的、摩尔分数接近于 1 的组分看作溶剂，反之看作溶质。在理想溶液中，溶质和溶剂都服从拉乌尔定律，溶液的焓和体积分别等于溶剂和溶质的焓和体积之和，但溶液的熵并不等于其组分熵的总和，因为熵是随无序性增加而增加的。在非理想溶液中，溶质服从亨利定律，溶液服从拉乌尔定律。

从 1.3.2 小节可知，从溶液中生长晶体时，自由能变化 ΔG 为

$$\Delta G = -RT \ln \frac{C_1}{C_0} \tag{1-18}$$

式中，C_0 和 C_1 分别代表溶液在一定温度下的实际浓度和饱和浓度，在过饱和溶液中，$\frac{C_1}{C_0}>1$，$\Delta G<0$，意味着晶体生长是一个自发过程。结晶过程的驱动力为过饱和度，$\frac{C_1}{C_0}$ 越大，ΔG 越小，晶体生长的驱动力也越大。

2. 相稳定区和亚稳相生长[12]

一些物质溶解于水溶液后可以形成不同晶相。例如，酒石酸乙二胺（CH_2NH_2）$C_4H_4O_6$（EDT）在水溶液中，形成 EDT 和 EDT 水合化合物（EDT·H_2O）两种晶相，如图 1-10 所示。EDT-H_2O 属于二组元体系，根据相律，在定压下两种晶相同时与溶液达成平衡的温度（即相平衡转变温度）是完全确定的，EDT 的相转变温度为 40.6℃。当溶液温度偏离了 EDT 的转变点时，只能存在一个晶相与水溶液平衡，另一个晶相将溶解。如果体系的状态点处于这两种晶相溶解度曲线以上，如图中 F 点，则溶液对 EDT 和 EDT·H_2O 都是过饱和的，两相都是可以生长的，但 EDT 在溶液中是稳定相，EDT·H_2O 是亚稳相，由于溶液对 EDT 的过饱和度较大，其生长速率快。如果体系状态点在 E，则 EDT·H_2O 生长，EDT 溶解了。如果在 EDT 稳定区内引入 EDT·H_2O 籽晶，当溶液的过饱和度能够满足 EDT·H_2O 晶体生长，而又不致引起 EDT 自发成核的条件下，亚稳相 EDT·H_2O 可以生长成大晶体，这是由于 EDT 自发成核所需的过饱和度要比 EDT·H_2O 所需的过饱和度大得多。因此，在稳定区的过饱和溶液中引入亚稳相籽晶，常应用于生长亚稳相晶体。

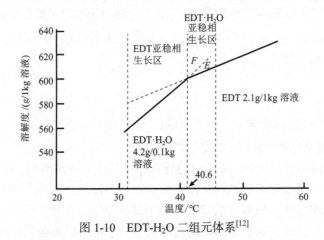

图 1-10　EDT-H_2O 二组元体系[12]

3. 速率决定过程

晶体生长过程实际上是生长基元从周围环境中不断通过界面而进入晶格座位的过程。现在关键的问题在于生长基元以何种方式以及如何通过界面而进入晶格座位，在进入晶格座位过程中又如何受界面结构的制约。

在 1.4 节已介绍了台阶生长和螺旋位错生长理论模型，以具有台阶生长理论模型为例，描述晶体在溶液中的生长过程。在溶液中溶质与溶剂粒子结合称为溶剂化现象，用六个溶剂粒子围绕着溶质粒子所形成一个八面体来描述生长过程，如图 1-11 所示。

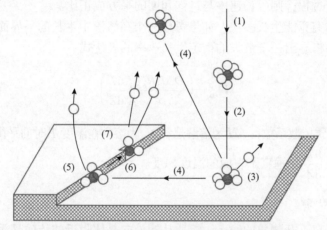

图 1-11   溶液中晶体生长各阶段过程示意图

（1）由扩散、对流或强迫流动所引起的溶质向晶体表面附近区域的输运。

（2）溶质通过与晶体表面紧相连接的边界层向晶面扩散，这种扩散是由于边界层存在浓度梯度所致，这种浓度梯度是由于靠近晶体表面一侧的溶质已析出到晶面，在边界层两侧产生浓度差而引起的。

（3）溶质被晶面吸附。

（4）被吸附的溶质基元在晶面上向台阶扩散，同时未被吸附的溶质基元又被扩散回溶液中。

（5）附在台阶上。

（6）沿着台阶扩散。

（7）扩散到扭折位置，与晶体结合成一体。

在阶段（3）、（5）和（7）都伴随着部分脱落。这时将有新的溶剂流离开正在生长的晶体，在（3）之后的任何阶段，吸附在表面的溶质粒子都可解吸出来回到溶液之中[见图 1-11 中（4）]只有结晶潜热释放和脱落过程完成之后，溶质粒子才能完全成为晶体的一部分。

应当指出，（1）～（7）的某些阶段是连续发生的，而某些过程又可能并列进行，生长过程并非所有阶段都需要涉及。如溶质粒子可由表面直接迁移到扭折位置而不需经历（5）和（6）两个阶段。一些阶段通常发生很快，而一些则很慢，在晶体生长过程中，决定生长快慢的应当是各阶段过程中的最慢者，即所谓的速率决定过程。在实际晶体生长过程中，了解哪个阶段是速率决定过程是极为重要的。

确定速率决定过程由溶质传输决定还是由界面动力学过程决定，对于理解晶体生长的微观过程是非常有益的。如果溶质向晶体的扩散是速率决定过程，则生长速率将与过饱和度成正比，而且还将随着溶液搅拌情况而改变。如果界面动力学是速率决定过程，则生长速率与过饱和度的平方成正比。

那么晶体究竟能生长多快？如果考虑一个在溶液中生长的平界面，则过饱和度的梯度条件将导出一个最大的稳定生长速率的表达式：

$$V_{max} = \left(\frac{D \Delta H N_e}{\rho} \right) \left(\frac{\mathrm{d}T}{\mathrm{d}Z} \right) \tag{1-19}$$

式中，D 为溶质扩散系数；ΔH 为溶解热；N_e 为溶质在温度 T 时的平衡浓度；ρ 为晶体的密度，$\dfrac{\mathrm{d}T}{\mathrm{d}Z}$ 为垂直于表面的温度梯度。

4. 溶质的输运

晶体生长离不开物质的输运，溶质从溶液向晶体附近的传输是靠扩散、对流和强迫流动等机制进行的。在助熔剂溶液中典型的扩散系数约为 $10^{-6}\,\mathrm{cm^2/s}$，因而在 1 cm 的距离上传输溶质所需的时间要几个小时，除此之外，由于纵向温度梯度和溶质梯度存在，产生对流，横向的温度梯度也会促使溶液的对流，但如果在采用底部水冷或助熔剂的密度比溶质大的情况下，对流是极端缓慢的。

一般条件下，由热引起的对流速率在 $0.01 \sim 0.03$ cm/s 的范围内，通过搅拌可加速溶质的输运，加速转动可通过熔体的惯性和器壁给予的变化力矩的联合作用将溶液混合，但过分的搅拌会引起亚稳区的宽度减少，从而引起多个晶核的形成，还可能引起温度的起伏。

1.6　熔体生长晶体理论基础

1.6.1　熔体生长过程的特点

当一个结晶固体的温度高于熔点时，固体就熔化为熔体；当熔体的温度低于凝固点时，熔体就凝固成固体（通常是多晶体）。因此，熔体生长过程只涉及固⇌液相变过程，熔体在受控制的条件下的定向凝固过程，是液→固相变过程。在这个过程中，原来的原子或分子由随机堆积的陈列直接转变为有序陈列，这种从无对称性结构到有对称性结构的转变不是一个整体效应,而是通过固-液界面的移动而逐渐完成的。这是从熔体生长晶体过程的主要特点。

　　熔体生长的目的是得到高质量的单晶体。在晶体生长时,首先要在熔体中形成一个单晶核(引入籽晶,或自发成核)。然后,在晶核和熔体的交界面上不断进行原子或分子的重新排列而形成单晶体。只有晶核附近的熔体的温度低于凝固点时,晶核才能继续发展。因此,生长界面必须处于过冷状态。但是,为了避免出现新的晶核和生长界面的不稳定性,过冷区必须集中在界面附近狭小的范围内,让熔体的其余部分处于过热状态。在这种情况下,结晶过程中释放出的潜热不可能通过熔体导走,而是通过晶体的传导和表面辐射导走热量。

1.6.2　结晶过程驱动力

　　什么是晶体?晶体是由结构基元(原子、离子或分子)具有三维长程有序排列而成的一切固体物质,它与其熔体的区别在于具有结构的对称性。晶体中的有序排列构成了晶体点阵,点阵的对称性决定了结构基元的平均位置,基元之间的结合力使晶体成为刚性固体。要将结晶固体转变为熔体,需要提供能量来破坏这种结合力,使基元脱离点阵中的位置而随机分布。通常,采用加热方法使固体在其熔点温度完成这一转变,所提供的能量就是熔化潜热 L。当熔体凝固时,这部分潜热又被释放出来,以降低系统的自由能,只有系统自由能 G 减少时,晶体才能生长。因此,被释放的自由能,即固、液两相之间的自由能的差值 ΔG,是结晶过程的驱动力。

　　从热力学上考虑:吉布斯自由能 G 可由下式表示:

$$G = H - TS \qquad (1\text{-}20)$$

式中,H 为焓;S 为熵;T 为热力学温度。

　　在固-液平衡温度 T_e,两相之间自由能的差值为零,即

$$\Delta G = \left(H_S - T_e S_S\right) - \left(H_L - T_e S_L\right) = 0 \qquad (1\text{-}21)$$

那么

$$T_e\left(S_L - S_S\right) = H_L - H_S \qquad (1\text{-}22)$$

即

$$\Delta S = \Delta H / T_e \qquad (1\text{-}23)$$

式中,ΔS 为熔化时熵的变化(即熔化熵);ΔH 为溶化时焓的变化(熔化潜热)。

当温度不平衡时，差值为

$$\Delta G = \Delta H - T\Delta S \tag{1-24}$$

将式（1-23）代入式（1-24），得到

$$\Delta G = \frac{\Delta H\left(T_e - T\right)}{T_e} \tag{1-25}$$

当熔体凝固时，定压比热容 C_p 发生变化，从而影响焓的变化，ΔG 可表示为

$$\Delta G = \left(\Delta H - \frac{1}{2}\Delta C_p \Delta T\right)\frac{\Delta T}{T_e} \tag{1-26}$$

式中，ΔC_p 为固、液两相比热的差值；$\Delta T = T_e - T$ 为过冷度。

那么，在一个固（晶体）-液（熔体）两相系统中，究竟是熔化还是凝固？它取决于吉布斯自由能 G。在热力学中，系统为了保持系统的稳定性，总是朝着自由能减少的方向发展，那么 ΔG 应该是一个负值。对于熔化过程，系统需要吸收能量，ΔH 为正值，根据式（1-26），T_e 总是为正值，只有当 $\Delta T = T_e - T < 0$，即 $T > T_e$ 时才能使 $\Delta G < 0$，发生熔化。

对于凝固过程，系统需要释放出能量，ΔH 为负值，根据式（1-26），T_e 总是为正值，只有当 $\Delta T = T_e - T > 0$，即 $T < T_e$ 时才能使 $\Delta G < 0$，发生凝固。这是从熔体中生长晶体的必要条件。图 1-12 的 G-T 关系可以直观地说明它们之间的关系。

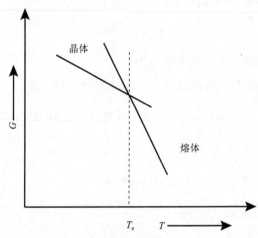

图 1-12　固-液系统的 G-T 关系

对于结晶过程，式（1-25）可以写成：

$$\Delta G = \left(\frac{L}{T_e}\right)\Delta T \tag{1-27}$$

式中，L 为熔化潜热；ΔT 为过冷度。

以上讨论的基础是在假设已形成固-液界面，没有考虑形成固-液界面对系统自由能的影响。如果系统中原来不存在固-液界面，或固-液界面在不断扩大，新界面的形成需要新的能量。此时，结晶过程所释放的潜热，部分转化为界面所需的表面能，结果结晶驱动力减少了。如果形成新界面所需的能量接近于 $\left(\dfrac{L}{T_e}\right)\Delta T$，这时结晶驱动力$\Delta G \approx 0$。在这种情况下即使熔体的温度低于凝固点，固相还不能够形成，只有加大ΔT，增加结晶驱动力。所以对于自发成核过程，起始阶段必须提供很大的过冷度，也是在提拉法生长不同阶段过程中，要适当调整生长炉功率的原因。

另外，在结晶过程中，所释放出的潜热必须从固-液界面迅速移走。如果这部分热量不能迅速移走，界面附近的温度会升高，导致ΔT减少，降低了结晶驱动力。当 $T = T_e$ 时，$\Delta G = 0$，晶体停止生长。因此在晶体生长时需要建立适当的温场，使这部分潜热迅速移出。

1.6.3　熔体生长过程的物理化学基础

1. 物质的传输、分凝和溶质分布

1）熔点、凝固点和平衡温度

通常熔体和其中生长的晶体具有不同的成分，这表明在凝固过程中存在分凝问题，这部分通常指的是杂质或掺杂物质，称为溶质，其余主体部分称为溶剂。

熔点：当固态材料被缓慢地加温到某一温度 T_m 时，材料开始熔化，称 T_m 为该材料的熔点。

凝固点：固态材料熔化后，缓慢降低熔体的温度，当到达某一温度 T_s 时，熔体开始凝固，称 T_s 为该熔体的凝固点。凝固点的温度是凝固过程的两相平衡温度，它们是材料的成分函数（用固相线和液相线来表示）。

对于纯组元材料（如图 1-13 中的 A 和 B）和同成分熔化的化合物（如图 1-14 中的 C），T_e 是固-液两相唯一的平衡温度，即 $T_m = T_s = T_e$，在固⇌液两相转变过程中，材料的成分不变，平衡温度不变，显然不存在分凝问题。

对于不纯材料（或掺杂材料），平衡温度将随着成分变化而变化，固体的熔点和同一成分熔体的凝固点不能处于平衡状态，也就是说处于平衡状态的固体和熔体是非同成分的。

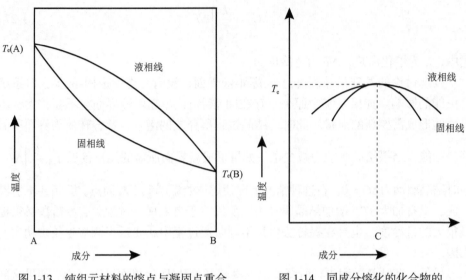

图 1-13　纯组元材料的熔点与凝固点重合　　图 1-14　同成分熔化的化合物的
熔点和凝固点重合

图 1-15 示出不纯材料中平衡温度和材料成分的关系，固相 C_2 的熔点为 T_2，液相 C_2 的凝固点为 T_1；固相 C_2 与液相 C_3 处于平衡，平衡温度为 T_2；固相 C_1 与液相 C_2 处于平衡，平衡温度为 T_1。也就是说在平衡状态下晶体和熔体是非同成

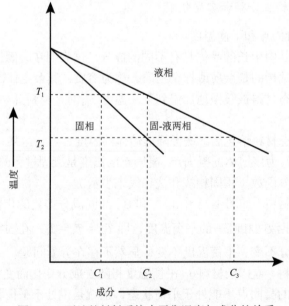

图 1-15　不纯的材料系统中平衡温度与成分的关系

分的,那么在凝固过程中将出现分凝问题,即存在溶质的分凝和溶质沿晶体轴向分布的问题。

2)分凝系数

当固-液两相处于平衡时,固体中的溶质浓度 C_S 与熔体中的溶质浓度 C_L 之比,称为平衡分凝系数 k_0:

$$k_0 = \frac{C_S}{C_L} \qquad (1\text{-}28)$$

结晶固体与熔体之间的平衡关系用溶质-溶剂体系的二元相图表示,如图1-16和图1-17所示。

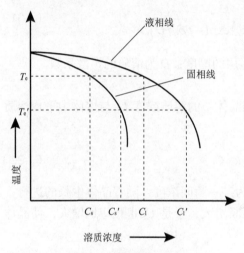

图1-16　溶质-溶剂体系的固-液线的关系
（ $k_0 < 1$ ）

液相线表示熔体凝固点与溶质浓度的关系曲线;固相线表示熔体熔点与溶质浓度的关系曲线

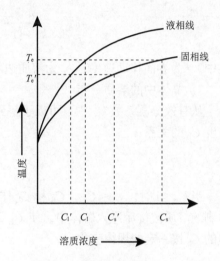

图1-17　溶质-溶剂体系的固-液线的
关系（ $k_0 > 1$ ）

液相线表示熔体凝固点与溶质浓度的关系曲线;固相线表示熔体熔点与溶质浓度的关系曲线

当 $k_0 < 1$ 时,晶体拒排溶质,随着溶质浓度的增加,体系的平衡温度降低,晶体和熔体中溶质浓度分别沿着固相线和液相线向下移动。

在平衡条件下,界面移动速率 f 可以忽略不计,熔体中各部分的溶质浓度相同。在实际生长中系统是处于不平衡状态的,界面的移动也不是十分缓慢的,熔体中的溶质混合也是不均匀的。当 $k_0 < 1$ 时,起初界面排出溶质的速率大于溶质进入熔体主体的速率,于是界面附近的溶质浓度增大。然而,随着界面附近溶质浓度的增大,溶质进入熔体主体的速率也逐渐增大,最后和界面排出速率达到相互平衡。这时界面附近熔体中的溶质浓度 $C_{L(i)}$ 达到稳定值,并且高于熔体主体的浓

度 $C_{L(B)}$。那么，界面分凝系数为

$$k^* = \frac{C_S}{C_{L(I)}} \qquad (1\text{-}29)$$

有效分凝系数为

$$k_{eff} = \frac{C_S}{C_{L(B)}} = \frac{C_S}{C_L} \qquad (1\text{-}30)$$

由于熔体的体积远大于边界层的体积，$C_{L(B)}$ 可以用熔体的平均浓度 C_L 表示，

$$k_{eff} = \frac{k^*}{k^* + \left(1 - k^*\right)\exp\left(-f\delta_C/D\right)} \qquad (1\text{-}31)$$

式中，f 为界面移动速率；δ_C 为溶质边界层的厚度；D 为溶质的扩散系数。

3）晶体中的溶质分布

从有效分凝系数 k_{eff} 中，可以了解到晶体中的溶质浓度 C_S 与熔体中平均溶质浓度 C_L 的关系：

$$C_S = k_{eff}C_L \qquad (1\text{-}32)$$

当 $k_{eff}<1$ 时，$C_S<C_L$，C_S 和 C_L 作为某一瞬间浓度，随着晶体生长的进行，过剩的溶质被排斥进入熔体中，使 C_L 不断增大，于是 C_S 也相应地增大，使晶体中的 C_S 按一定的规律变化。

2. 生长界面稳定性和组分过冷

熔体生长过程涉及固⇌液相变过程，是熔体在受控制的条件下的定向凝固过程，就是提供一个强制的界面移动速率，从而产生强制的热交换条件。一般来说，可以认为这个移动界面是处于等温面形式。如果这个界面是各向同性和宏观平坦的界面，其表面形态在生长过程中始终保持不变，界面上随机形成的突出或凹陷部位在生产过程中能自行消失，那么这种界面是稳定的。反之，平坦界面上瞬间形成的突出或凹陷部位随着晶体生长的进行继续发展的话，这种界面是不稳定的，不稳定界面的推移将使晶体中产生包裹、应变、溶质不均匀分布等缺陷。

从熔体中生长晶体是一个固化过程，熔体沿着运动的固-液相界面转化为晶体，必然存在热量和质量的输送，生长界面温度变化时，在生长界面必须能量（热）守恒、溶质守恒和温度连续。因此，生长界面的稳定性主要由两个主要因素所支配：一个是熔体的温度梯度，另一个是溶质的浓度梯度。

1）熔体的温度梯度

在熔体生长晶体中，晶体生长界面的温度梯度分布有以下三种情况：①正温度梯度，即 $\dfrac{\mathrm{d}T_{\mathrm{L}}}{\mathrm{d}y}>0$，这里 y 指的是熔体方向，这种熔体称为过热熔体；②负温度梯度，即 $\dfrac{\mathrm{d}T_{\mathrm{L}}}{\mathrm{d}y}<0$，这种熔体称为过冷熔体；③熔体温度各处一致，即 $\dfrac{\mathrm{d}T_{\mathrm{L}}}{\mathrm{d}y}=0$。

对于 $\dfrac{\mathrm{d}T_{\mathrm{L}}}{\mathrm{d}y}>0$ 的过热熔体，如果光滑的生长界面在偶然的外因干扰下瞬间形成凹凸不平，由于离开界面的熔体温度为正，界面凸起部分处于较高的温度 T_{L}，$T_{\mathrm{L}}>T_0$（T_0 为熔体凝固点温度），在生长过程中，凸起部位的生长速率逐渐降低，而被凹陷部位的生长速率所追及，最后生长界面恢复到光滑面状态。因此，当 $\dfrac{\mathrm{d}T_{\mathrm{L}}}{\mathrm{d}y}>0$ 时，生长界面稳定。根据界面上能量（热）守恒原理：

$$K_{\mathrm{S}}\frac{\partial T_{\mathrm{S}}}{\partial y}=K_{\mathrm{L}}\frac{\partial T_{\mathrm{L}}}{\partial y}+f\rho L \tag{1-33}$$

$$f=\frac{1}{\rho L}\left(K_{\mathrm{S}}\frac{\partial T_{\mathrm{S}}}{\partial y}-K_{\mathrm{L}}\frac{\partial T_{\mathrm{L}}}{\partial y}\right) \tag{1-34}$$

式中，K_{S} 和 K_{L} 分别为熔体和晶体的热导率；f 为晶体生长速率；ρ 为晶体密度；L 为晶体相变潜热。

从式（1-34）可以看出，只有晶体散热等于或大于熔体传给晶体的热量和结晶时生产的结晶潜热，生长界面才稳定。因此，晶体生长速率也可以判别生长界面是否稳定。

对于 $\dfrac{\mathrm{d}T_{\mathrm{L}}}{\mathrm{d}y}<0$ 的过冷熔体，由于生长界面以下的温度 T_{L} 低于熔点温度，光滑的生长界面在外部干扰下会产生凸起，这类界面不稳定。

当熔体的温度梯度 $\dfrac{\mathrm{d}T_{\mathrm{L}}}{\mathrm{d}y}=0$ 时，整个熔体温度分布均匀，这种情况不常见，生长界面是否稳定取决于外界干扰大小，无干扰和干扰很小时，光滑界面稳定，干扰大时，光滑界面不稳定。

2）溶质的浓度梯度

在二元体系中，在相平衡条件下，当熔体中溶质的平衡分凝系数 $k_0<1$ 时，晶体生长时，界面上多余的溶质被排出，使熔体中的杂质浓度升高，凝固点降低。反之，当熔体中溶质的平衡分凝系数 $k_0>1$ 时，溶质优先进入晶体，使熔体中的杂质浓度降低，凝固点升高。因此，熔体的凝固点是溶质浓度的函数。如果溶液中只含有微量的溶质，熔体的凝固点和溶质的浓度之间的关系可以看作近似线性关系。那么，光滑生长界面的熔体凝固点与溶质浓度的关系可以用下式表示：

$$T_i = T_0 + mC_i \qquad (1\text{-}35)$$

式中，T_0 为纯熔体的凝固点；$m = \dfrac{\mathrm{d}T}{\mathrm{d}a}$ 表示溶液中溶质改变单位浓度所引起的凝固温度变化，数值由熔体的性质所决定。当熔体中溶质的平衡分凝系数 $k_0 > 1$ 时，熔体的凝固点升高，m 为正值。当 $k_0 < 1$ 时，熔体的凝固点降低，m 为负值。在稀溶液中，m 可以看作常数，a 为溶液中溶质的浓度。

因此，在结晶过程中，由于溶液中溶质浓度的变化影响熔体的凝固点，可导致结晶的生长界面不稳定。

上面已指出，当熔体处于正温度梯度时，即 $\dfrac{\mathrm{d}T_\mathrm{L}}{\mathrm{d}y} > 0$，光滑界面稳定，这是对纯熔体而言，而纯熔体实际上是不存在的。如果考虑溶质浓度梯度的影响，熔体的温度梯度即使为正，光滑界面也不一定是稳定的。

在二元体系中，在相平衡条件下，当熔体中溶质的平衡分凝系数 $k_0 < 1$ 时，晶体生长时，界面上多余的溶质被排出，多余的溶质在界面处汇集形成杂质，汇集于溶质边界层 δ_C，在边界层 δ_C 内，越接近于界面溶质的浓度越高。溶质在界面处汇集的结果，使熔体的凝固点降低，这时熔体的凝固点温度 T_L 分布为

$$T_\mathrm{L} = T_0 + mC_\mathrm{S}\left(1 + \frac{1-k_0}{k_0}\right)\exp\left(\frac{-fx}{D_\mathrm{L}}\right) \qquad (1\text{-}36)$$

式中，C_S 为固相中溶质的浓度；k_0 为溶质的平衡分凝系数；m 为液相线斜率；f 为晶体生长速率；D_L 为溶质的扩散系数；T_0 为纯熔体的凝固点；x 为运动坐标系。

在界面处的熔体温度分布，可能存在两种不同的温度分布方式，如图 1-18 所示。图中 T_0T_L 代表熔体的凝固点分布，$T_\mathrm{M}T_\mathrm{A}$ 代表实际熔体具有较大的正温度梯度，$T_\mathrm{M}T_\mathrm{B}$ 代表实际熔体的具有较小的正温度梯度，T_M 代表熔体的凝固点，δ_C 代表溶质边界层的厚度。从图中可以看出，如果 $T_\mathrm{M}T_\mathrm{B}$ 线所代表的是正温度梯度时，在溶质边界层 δ_C 内，熔体的实际温度比熔体应有的凝固点高，在熔体内部的界面附近形成了过冷区，即在这个区域的熔体处于过冷状态。这种过冷区不是由于负温度梯度引起的，而是由于溶质在界面附近汇集而引起的，所以被称为组分过冷，但是界面上的温度与凝固点相等，处于平衡状态，而其余部位的熔体温度则处于过冷状态。同时在界面附近的过冷区内，随着 x 的增加，过冷度增加，此时，界面上所出现的任何干扰都能够使过冷区内的熔体过冷度迅速增加，使原来光滑的界面变成不稳定的粗糙界面。

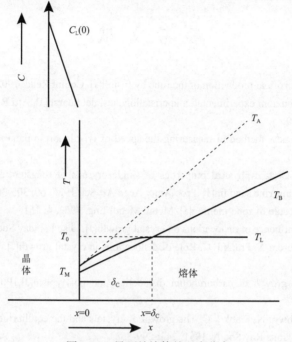

图 1-18　界面处熔体的温度分布

如果 $T_M T_A$ 线所代表的熔体具有较大的正温度梯度时，$T_M T_A$ 线上任何一点的温度都高于熔体结晶温度，在这种情况下，界面不会出现过冷现象，生长界面稳定。因此，为了获得稳定的生长界面必须克服组分过冷现象。

3）生长速率（拉速）的变化

从上述分析结果可以看出，熔体生长晶体时温度梯度、生长速率和溶质浓度对克服组分过冷和生长界面稳定性影响很大。其中单晶生长时，热场的温度梯度和浓度梯度共同决定了单晶的生长速率，这是由于在单晶生长时，生长速率由上述两个条件进行控制。也就是说，单晶生长拉速的起伏和大变化对晶体生长界面有很大的影响。例如，如果拉速起伏大，在控制上引起温度波动，进而引起生长界面的波动和界面形状的改变。同样，单晶生长拉速的大小也会引起生长界面的形状改变，进而影响单晶质量的变化。

晶体生长经验证明，导致生长界面不稳定的主要因素有：①太小的温度梯度；②太多的溶质（对熔体晶体生长而言）；③太快的生长速率；④太大的生长速率起伏。

因此，为了促进生长界面的稳定，人们通常采用较大的温度梯度、较小的浓度梯度和较慢的、匀速的生长速率。

参 考 文 献

[1] Verneuil A. The artifical production of the rube by fusion[J]. Compt Rend, 1902, 135: 791-794.

[2] Spezia G. Contribuzioni experimentali alla cristallogenesi del quarzo[J]. Atti R Accad Sci Torino, 1905, 40: 254-259.

[3] Czochralski J. A new method of measuring the speed of cristilation in metals[J]. Z Phys Chem, 1917, 92: 219-221.

[4] Bridgman P W. Certain physical properties of single crystals of tungsten, antimony, bismuth, tellurium, cadmium, zinc sand tin[J]. Proc Amer Acad Art Sci, 1925, 60: 305-383.

[5] Pfann W G. Princeple of zone-melting[J]. Metall Metall Eng, 1952, 4: 151.

[6] Frank F C. The influence of dislocations on crystal growth[J]. Disc Faraday Soc, 1949, 5: 48-54.

[7] Burton W K, Cubrera N, Frank F C. Role of dislocations in crystal growth[J]. Nature, 1949, 163: 398-399.

[8] Frank F C. The growth of carborundum dislaoction and polytypism[J]. Phil Mag, 1951, 42: 1014-1021.

[9] Burton W K, Cubrera N, Frank F C. The growth of crystals and the equilibrium structure of their surfaces[J]. Phil Trans Roy Soc A, 1951, 243: 299-358.

[10] Jiang M H. Crystal growth in China[J]. J Cryst Growth, 1986, 79: 33.

[11] 闵乃本. 晶体生长的物理基础[M]. 上海: 上海科学技术出版社, 1982.

[12] 张克从, 张乐潓. 晶体生长科学与技术[M]. 北京: 科学出版社, 1997.

[13] 王文魁, 王继扬, 赵珊茸. 晶体形貌学[M]. 武汉: 中国地质大学出版社, 2001.

[14] 潘普林 B R.晶体生长[M]. 刘如水, 沈德中, 张红武, 等译. 北京: 中国建筑工业出版社, 1981.

[15] Kossel W. Zur theorie des kristallwachsums[J]. Vorgel. in der sitz. , 1927, 29: 135-143.

[16] Stranski I N. On the theory of crystal accretion[J]. Zeitschr fur Physikal Chem Stochom Verw Schaf, 1928, 136: 259-278.

[17] Verma A R. Observation on carborundum of growth spiginating from screw dislocations[J]. Phil Mag, 1951, 42: 1005-1009.

[18] Laudise R A. The growth of single crystals[M]. New Jersey: Englewood Cliffs, Prentice-Hall, Inc, 1970.

[19] Pamplin B R. Crystal Growth[M]. New York: Pergamon Press, 1975.

第2章　相图及其在晶体生长中的应用

相图在材料的研究和生长中有着重要作用，对于晶体生长：通过相图可以了解材料组成、熔化温度、结晶温度、材料相变与温度的关系，帮助选择正确的晶体生长方法，确定原料的组分，设计后热处理工艺，提高晶体的完整性。对于材料研究：通过相图、相变和相结构的研究可以发现新的材料，改善和提高材料的性能，确定合成和热处理工艺。因此，在生长晶体前，通常需要查阅已知的相关相图材料，若缺乏相关的相图材料，也可以自己测定相关的相图。相图的基本理论和概念国内外已有许多专著论述[1-4]，本章仅就相图涉及的基本概念、相图的类型、相图测定方法及其在晶体生长中的应用加以概述。

2.1　相图的基本概念

相图又称为相平衡图，相图是研究处于平衡状态下物质的组分、物相和外界条件相互关系的几何描述。原则上相图可以用成分和任何外界条件为变量来绘制，然而除温度 T、压强 P 以外的外界条件，如电场、磁场等，在一般情况下，对于复相平衡不发生影响或影响很小，所以相图通常是以组分、温度和压强为变量来绘制的，并用图形表示体系状态的变化。

2.1.1　几个基本概念

1. 体系

体系也称为系统。热力学讨论中所涉及的体系是在进行研究时，必须先确定所研究的对象，把一部分物质与其余的分开，这种被划定的研究对象称为体系。

2. 相

自然界中物质呈现的聚集状态有气态、液态和固态。每种聚集态内部均匀的部分，在热力学上就称为相（phase），一个相的内部，当达到平衡时，它的宏观物理性质和化学性质是完全均匀一致的。例如，一罐气体，各部分的宏观性质都是均匀一致的，称为气相。一种液体，各部分的宏观性质都是均匀一致的，称为液相。而气相和液相组成的体系，通常由界面分开。在此界面上，一些物理性质如密度、折射率等将发生突变。对于固体，一般是一种固体便是一个相，但固态溶液（固溶体）是一个相，在固态溶液中粒子的分散程度和在液态溶液中是相似的。一个相与另一个相之间有物理界面，通过此界面时，宏观的物理性质或化学性质将发生改变。在界面两边各相的物理性质或化学性质互不相同，这是辨别相数目的依据。体系内相的数目用符号 ϕ 表示。

3. 组元

足以确定平衡体系中的所有各相组成所需的最少数目的独立物质称为组元（component），换句话说，凡在体系内可以独立变化，而且决定着各相成分的组元，其数目称为组分数，用 c 表示。

4. 自由度

体系的自由度是指一个平衡体系的独立可变因数（如温度、压强、成分等）的数目，这些因数的数值在一定范围内可以任意改变而不会引起相数目的改变，即不使任何原有的相消失，也不使任何新相产生。自由度的数值用 f 表示。

5. 相平衡

如果一个体系的性质随时间不发生任何变化，即两种或两种以上的组分彼此相互变化的速率相等，则这个体系处于平衡状态。在多相平衡的体系中，处于平衡状态的各个相，不仅它们的温度 T、压强 P 必须相等，而且所有相内的每一组元的化学势 μ 也必须相等。

6. 化学势

化学势又称化学位，用符号 μ 表示，它是 1 mol 化学纯物质的吉布斯（Gibbs）自由能 G，即

$$\mu = G/n \tag{2-1}$$

式中，G 为体系的吉布斯自由能；n 为体系中物质的量，用摩尔（mol）数表示。对于多元体系，在 i 组元的化学势 μ_i 为在温度 T、压强 P 及其他组元物质的量 n_j 不变的混合体系中，每增加 1 mol 组元 i，体系吉布斯自由能的增量为

$$\mu_i = \left(\frac{\delta G}{\delta n_j} \right)_{T, P, n_j} \tag{2-2}$$

化学势决定反应自发进行的方向，两相中物质化学势的大小是物质在各相间

转移方向的判据，即物质总是从化学势较高的相向化学势较低的相转移，当物质在两相中的化学势相等时，则体系达到平衡状态。

7. 相图中点、线和面的含义

（1）点：表示平衡状态下某相的"温度"和"成分"，也称为相点，如同成分点、共晶点、包晶点。

（2）线：相转变时"温度"与"平衡相成分"的关系，如固相线、液相线、固溶线、等温线等。

（3）面：相型相图的一种状态区域，如单相区、二相区、三相区。

2.1.2 相律

相律是研究多相平衡的热力学基础，它是讨论平衡体系中自由度、相的数目、独立组分数与影响该平衡体系的外界因数的数目之间的相互关系的规律。相律只对体系做出定性的叙述，只讨论"数目"与"数值"。例如，根据相律可以确定有几个因数能对复杂体系中的相平衡发生影响，在一定的条件下存在几个相，但相律却不能告诉我们这些数目具体代表哪些变量和代表哪些相。

相律的推导：

设某平衡体系中，含有 c 种物质，分布在 ϕ 相中，要描述这个体系的状态，需要指定多少个独立变量数？

假定知道了每一个相的温度、压强和组成（即浓度），则每个相的状态就确定了（这里假定体系的状态不因其他外加力而有所改变）。要表示每一相的组成需要 $(c-1)$ 个浓度变量[浓度通常用质量分数或摩尔浓度表示，所以只需指定 $(c-1)$ 个浓度变量]，此外再加上温度和压强两个变量（对于已达平衡状态的体系，各相的温度和压强均相等），就得描述体系状态所需变量的总数目为：$\phi(c-1)+2$。

但是这些浓度变量并不都是独立的。由于化学势是温度、压强及在该相中浓度的函数，根据相平衡的条件，每个组分在各相中的化学势相等，即 $\mu_c^a = \mu_c^b$，因此得到一个联系 μ_c^a 和 μ_c^b 的方程式，每增加一个这样的方程式，相应的独立变量就减少一个。根据相平衡条件，$\mu_c^a = \mu_c^b = \cdots\cdots \mu_c^\phi$，对于第 c 种物质来说，联系浓度之间的关系式共有 $(c-1)$ 个，现共有 c 种物质分布于 ϕ 个相中，则有

$$\left.\begin{array}{l} \mu_1^a = \mu_1^b = \cdots\cdots \mu_1^\phi, \text{共}（\phi-1）\text{个等式} \\[2mm] \mu_2^a = \mu_2^b = \cdots\cdots \mu_2^\phi, \text{共}（\phi-1）\text{个等式} \\[2mm] \vdots \quad\quad \vdots \quad\quad \vdots \quad\quad \vdots \quad\quad\quad \vdots \\[2mm] \mu_c^a = \mu_c^b = \cdots\cdots \mu_c^\phi, \text{共}（\phi-1）\text{个等式} \end{array}\right\}$$

（2-3）

上式中上标以 a、b、$\cdots$、ϕ 表示各相，下标以 1、2、$\cdots$、c 表示组分数，所以共有 $\phi(c-1)$ 个等式。确定由 ϕ 个相组成的体系的状态所需要的变量与已有的方程式之差为

$$\phi(c-1)+2-c(\phi-1)=c+2-\phi \tag{2-4}$$

这个结果的物理意义为要想确定 ϕ 个相的状态，需要知道 $(c+2-\phi)$ 个状态变数的数值。例如，在水与蒸汽两相共存的体系中，$\phi=2$，而 $c=1$，则 $c+2-\phi=1$。也就是说，在这个体系中，有影响相存在的温度、压强、组分浓度 3 个变数，由于是单组分体系，组分不能变，只有压强和温度两者之一是可变的，即自由度为 1。以 f 代表自由度，则上面的结果写为

$$f=c-\phi+2 \tag{2-5}$$

式（2-5）是相律的数学表示式。相律是构筑相图的最基本规则，应用相律时应注意以下几点：

（1）相律根据热力学平衡条件推导而得，因此它只适用于平衡状态体系。

（2）相律表达式（2-5）中的数字 2 是代表体系的外界条件只以温度 T 和压强 P 为变量，意味着忽略了除温度与压强外的其他变量。

（3）如果体系除了温度和压强外，其他条件如电场、磁场或重力场等对平衡状态有影响，则需补充式（2-5）中相应的变量数。

（4）自由度只取 0 以上正值，若出现负值，则说明体系可能处于非平衡状态。

2.2　杠　杆　定　律

杠杆定律是对已知呈平衡状态的状态点，利用相图计算两平衡相相对量的一个数学公式，它是相关系研究中最常用到的一个定律。杠杆定律可以简述为一相的量乘以本侧线段长度，等于另一相的量乘以另一侧线段长度。由于形式上与力学中的杠杆定律十分相似，故称为杠杆定律，如图 2-1 所示。图中 M 点（系统总状态点）相当于杠杆的支点，M_1 和 M_2 相当于两个力作用点，从图中可以看出，

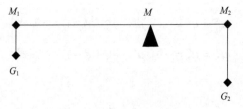

图 2-1　杠杆规则示意图

系统中平衡共存的两相含量与两相状态点到系统总状态点的距离成反比，即含量越多的相，其状态点离系统总状态点的距离越近。

图 2-2 是一种完全互溶的二元系相图，在梭形区中固-液两相平衡，两相的组成可以利用结线的性质，计算出两相区平衡存在的两个相的相对含量。

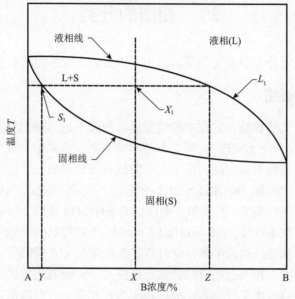

图 2-2　杠杆规则应用的示意图

设系统中某合金的组成为 X，在温度 T 时，存在两相含 B 组元 Y%的固相 S_1 和含 B 组元 Z%的液相 L_1，合金的总量不变，则液相量和固相量的和应等于合金的总量。

再设 P 代表 S_1 的相对含量，Q 代表 L_1 的相对含量，合金总量为 1，那么 $P+Q=1$，$PY+QZ=X$，由此得到：

$$Q=\frac{X-Y}{Z-Y}, P=\frac{Z-X}{Z-Y}, \frac{P}{Q}=\frac{Z-X}{X-Y} \tag{2-6}$$

从图 2-2 可以看出：

$$\frac{Z-X}{X-Y}=\frac{X_1L_1}{S_1X_1} \tag{2-7}$$

也就是以合金的总成分 X_1 当作支点，共存的两相成分 $Y(S_1)$ 和 $Z(L_1)$ 当作杠杆，两相的总量与其到达支点的距离的乘积彼此相等。

若 $X=60$%B，$Y=20$%B，$Z=80$%B，则

$$S_1（60-20）\% = L_1（80-60）\% \qquad\qquad （2\text{-}8）$$

即
$$\frac{S_1}{L_1} = \frac{20}{40} = 0.5$$

2.3　相图的分类

相图可按组元分为单组元相图、二元系相图、三元系相图和多元系相图。

2.3.1　单组元相图

水是一种常见的物质，它在一般的温度和压强下有三种聚集态：水蒸气（气态）、水（液态）和冰（固态）。图 2-3 是水的相图，体系中的每个状态都是以体系所处的温度和压强来确定的。图中三条曲线将图分割成三个区域，每个区域代表一个相。OA、OB 和 OC 曲线分别代表气-液、气-固和液-固两相之间处于平衡共存时的温度与压强条件，即两相平衡存在的条件。OA 线称为液态水的饱和蒸气压线或蒸发线，在 $100℃$、$760\,\mathrm{mmHg}$（$1\,\mathrm{mmHg}=1.33322\times10^2\,\mathrm{Pa}$）压强下，水就沸腾了，表示水和蒸汽达成平衡，此时其状态点落在 OA 曲线上。若压强保持不变，继续升高温度，相图上相应的状态点就进入 OA 线右边的区域Ⅰ，液态水不复存在，体系中只有水蒸气存在，故区域Ⅰ为气相区。若温度保持不变，增大压强，水蒸气就会被压成液体水，体系的状态点则升入 OA 曲线以上区域Ⅱ的液相区。同样的道理，区域Ⅲ则为固相区（冰）。区域Ⅰ、Ⅱ和Ⅲ称为单相区，即体系

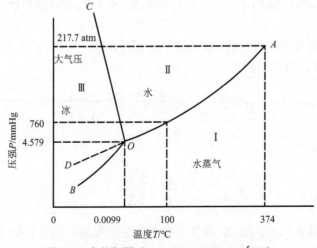

图 2-3　水的相图（$1\,\mathrm{atm}=1.01325\times10^5\,\mathrm{Pa}$）

状态点若落在这些区域内，就表明体系内只能存在一个相。

汽-水平衡线 AO 上，温度随着压强下降而下降。冰-水平衡线 CO 上，温度随着压强下降而略微上升。这两条曲线必然相交于 O 点，O 点既代表汽-水两相平衡，又代表冰-水两相平衡。然而在一定状态的体系内只能有一个水相，故 O 点是汽-水-冰三相平衡点。它既然包含汽-冰平衡，故必然落在汽-冰平衡线 OB 上。O 点为三条平衡线的共同交点，称为三相点，三相点的温度和压强是固定的，实验测出的精确数值为 $T = 0.0099℃$，$P = 4.579$ mmHg。

OD 曲线是 OA 曲线的延长线，是水和水蒸气的介稳平衡线，代表过冷水的饱和蒸气压与温度的关系曲线。OD 曲线在 OB 曲线上方，它的蒸气压比同温度下处于温度状态的冰的蒸气压大，因此过冷水处于不稳定状态。水的蒸气压曲线 OA 不能无限地向上延伸，它只能延伸至水的临界点（$T = 374℃$，$P = 217.7$ atm），在临界点以上，液体的水已不复存在。

根据相律 $f = c - \phi + 2 = 1 - 2 + 2 = 1$，所以两相平衡时只能有一个自由度，也就是说只能独立改变一个变数（如温度），则另一个变数（压强）就随之而定。如图中的 A 点，若改变一个变量，则两相共存的状态就被破坏，如图中的 B 和 C 点。O 点为水、冰、水蒸气三相共存的状态，称为三相点。三相共存只能在一定的温度、压强下存在。根据相律 $f = c - \phi + 2 = 1 - 3 + 2 = 0$，即自由度为 0，此时的体系称为不变系。

2.3.2　二元系相图

在晶体生长中相图应用得最多、研究得最多的是二元系相图，某些多元复杂体系在一定程度上也可以简化成赝二元体系来处理。二元相图由横坐标和纵坐标构成一个平面图，横坐标表示系统的组成，称为组成轴，纵坐标表示温度，称为温度轴。组成轴的两端点分别表示两个纯组元 A 和 B。组成轴分为 100 等份，从 A 点到 B 点，组元 B 的含量从 0%增加到 100%，组元 A 的含量由 100%减少到 0%。反之，从 B 点到 A 点，组元 B 的含量从 100%减少到 0%，组元 A 的含量从 0%增加到 100%。A 和 B 两点间任何一点都是由 x%的 A 和（100−x）%的 B 组成的二元系统，相图中组成可以用质量分数表示，也可以用摩尔分数表示。

二元系相图的形状与两组元之间的相互作用有着密切的关系。一般在制备合金或复盐时，将两组元按一定比例加热至液态，然后冷凝成固态便得到所需要的合金或复盐。在液态中两组元之间的相互作用可能有以下两类：

（1）一类是经过熔制后，可以形成两组元能以任何配比混熔的均匀一致的液态溶液。

（2）一类是形成具有有限溶解度的溶液，当某组元的含量大于在另一组元中的溶解度时，就形成两种溶液的混合物，绝大多数的组元能形成均匀一致的液态溶液，只有少数组元对（如铁-铅、水-油）在液态互不相溶。

从均匀一致的液态溶液冷却成为固态晶体时，组元之间的相互作用可有下列3种情形：

（1）形成能以任何配比溶合的均匀一致的固态溶液，即固溶体，如 Cu-Ni 体系。

（2）两组元各具有有限的溶解度，当组分浓度大于该溶解度极限时，就形成两相固溶体。

（3）形成化合物。两组元（A 和 B）形成的化合物用 A_mB_n 来表示，所形成的化合物可能是在熔化以前不分解，也可能在熔化之前分解。另外，A_mB_n 化合物本身也可能对 A 和 B 组元具有一定的溶解度，它的溶解度大小以及在熔化前是否分解，对相图的形状都具有很大的影响。

以下根据二组元固态相互作用的不同来看它们所形成相图的类型。

1. 固态两组元无限互溶的二元体系相图

图 2-4 是完全互溶二元体系的相图。根据"相似相溶"的原则，一般来说，两种结构很相似的化合物，原子半径的差别不超过 15%，点阵常数以及物理化学性质相似的，它们之间不形成任何化合物，无论在液态还是在固态，它们之间都是完全互溶的。在完全互溶的体系相图中，液相线和固相线从一个组元的熔点连续延伸到另一组元的熔点。根据相律，在恒压下二组元体系的自由度 $f=3-\phi$，在液相区 L 和固相区 S 的单相区内 $f=2$，也就是说，在此相区内温度和成分可以任意变化。在 L+S 的固-液两相区内的自由度 $f=1$，当温度改变时，平衡两相的各自成分也随之改变，每一温度的平衡的固、液相成分由相应的接线所决定。例如，T_1 温度的接线为 ad，T_2 温度的接线为 bc，当 C 成分的液体开始冷却析出固体，其成分为 d。当温度继续下降，液相成分沿着 ac 曲线变化，固相成分沿着 db 曲线变化。当温度下降到 T_2 时液相全部凝固。

在完全互溶体系的相图中，除了液相线和固相线从一个组元的熔点连续变化到另一组元的熔点外，还存在另外两种形式，即由于加入另一组元使两组元的熔点同时升高或同时降低，其相图的形状如图 2-5 和图 2-6 所示，此时液相线和固相线在两组元之间的某一浓度处相切，切点处的试样将在某一温度下熔化。熔化时的液相和固相的成分完全一致，这个点（图中 C 点）称为同成分熔化点，它的熔化情况与纯组元的熔化情况相同，因此这个相图也可以看作是由 A-X 和 X-B 两个相图组成的。

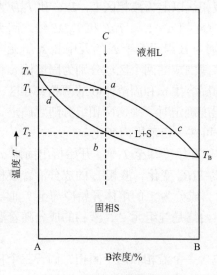

图 2-4　完全互溶体系相图

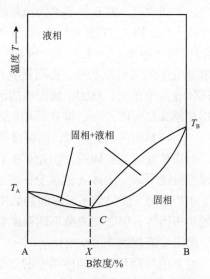

图 2-5　具有最低熔点的互溶体系相图

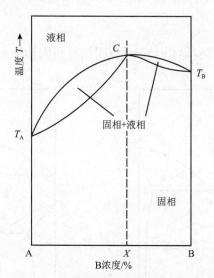

图 2-6　具有最高熔点的互溶体系相图

2. 共晶体系相图

两组元之间不形成化合物，但可形成局部互溶的共晶体系，如图 2-7 所示。共晶体系在液态是完全互溶的，在共晶反应温度 T_e 时，$L \rightleftharpoons \alpha + \beta$，三相处于平衡状态，$E$ 为共晶点，三相共存。根据相律，当 3 个相平衡共存时，其自由度 f 为：$f = c - \phi + 1 = 2 - 3 + 1 = 0$，即体系只能存在于某一个温度，且 3 个相的成分均为一定，不能改变。T_AE 和 T_BE 为液相线，液相线以上为液相区 L，T_AC 和 T_BD 为固相线，T_AE 和 T_ACE 线之间为固-液两相共存区（$\alpha+L$），T_BE 和 T_BDE 线之间为固-液两相共存区（$\beta+L$）。FC 和 GD 线分别为 B 组元溶于 A 组元中和 A 组元溶于 B 组元中的溶解度曲线。由固相线和固溶线围成的两个区域分别为固溶体 α 和固溶体 β 的单相区。$FCDG$ 线围成的区域为固溶体 α 和固溶体 β 的两相共存区，根据相律其自由度 $f=1$，即在两相区内当温度确定时，平衡两相组分随之确定。在 L、α 和 β 单相区内，$f=2$，则温度和组分可在一定范围内变化。

对局部互溶共晶体系，当成分为 X 的熔体开始冷却至 T_1 时，开始析出固体 α，当温度继续下降，固体 α 的成分沿着固相线 T_AIC 变化，液相 L 的成分沿着液相线 T_AHE 变化。而完全不互溶的共晶体系，当成分为 X 的熔体开始冷却至 T_1 时，开始析出固体，但固相成分不随温度变化，始终是纯组元 A，液相的成分随着温度下降沿着液相线 T_ACD 变化。

在上述局部互溶共晶体系中的三个相包含一个液相和两个固相，倘若三个相都是固相时，在降温过程中，由一种固溶体同时析出两种固溶体（或纯组元），称为共析反应，如图 2-8 所示。图中 CED 为共析等温线，E 为共析点，其三相共存的平衡反应为

$$\gamma(\text{固相1}) \Longleftrightarrow \alpha(\text{固相2})+(\text{固相3}) \tag{2-9}$$

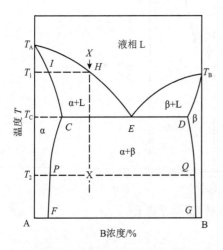

图 2-7　局部互溶共晶体系相图

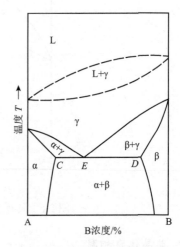

图 2-8　含共析的共晶体系相图

两组元之间既不形成化合物又不互溶，形成完全不互溶的、具有一个低共熔点的共晶体系，如图 2-9 所示。固态时两组元形成机械混合物，所以体系中由两个固相再加上液相 L，就可能有三个相同时存在，两条液相线和固相线的交点 D

称为低共熔点，A、B 和 L 三相共存，因此 D 点也称为共晶点，其三相共存的平衡反应为 $L_E \rightleftharpoons A+B$。由于第二组元的加入，纯组元 A 和 B 熔点都降低，形成 D 低共熔点，这是助熔剂法生长的理论基点之一。

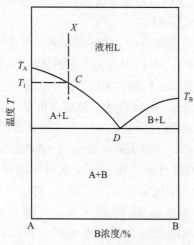

图 2-9　完全不互溶共晶体系相图

3. 包晶体系相图

包晶反应体系在液相完全互溶，在固相部分互溶，在包晶反应温度 T_P，$L(液相)+\alpha(固相1) \rightleftharpoons \beta(固相2)$，其特征为一种固相 β 升温分解为另一种固相 α 和液相 L，如图 2-10 所示。图中 qps 直线代表包晶等温线，p 为包晶点，其成

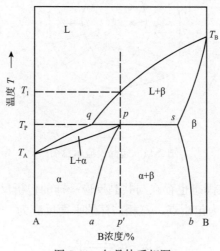

图 2-10　包晶体系相图

分称为包晶成分。图中 T_Aq 和 qT_B 为液相线，T_Ap 和 sT_B 为固相线，ap 和 bs 为固溶线。

在包晶体系中熔体的冷却凝固过程可分为两种情形：

（1）在 q 点和 A 组元之间以及在 s 点和 B 组元之间，熔体的冷却凝固过程和普通固溶体冷却凝固过程是一样的。

（2）熔体从 p 点（即包晶成分点）的冷却凝固。当熔体（液态）开始冷却，到达温度 T_1 时，析出固溶体 β，其过程与普通固溶体冷却过程相同。随着温度继续降低，固溶体 β 含量逐渐增加，当到达温度 T_P 时，液相的成分已变到 q，固相的成分已变到 s，其相对量以 qp 和 ps 代表。然后在恒温下进行包晶反应，液相和 β 相全部转变为 α_p 固溶体。当温度低于 T_P 时，固溶体 α 的成分沿着固溶线 pa 变化，同时由 α 析出（脱溶）β 相，至室温时，成为 α + β 两相混合。

包晶反应是在一定的温度下，由一固定成分的液相 L_α 和一固定成分的固相 β_s 相互作用，生成另一个成分固定的固相 α_p 的过程。在这个过程中，围绕在原先析出的 β 相周围的溶液 A 组元，使其 A 含量降低到 α_p 的成分从而转变成 α_p 固相。同时，析出的 A 组元结构扩散进入到 β_s 固溶体内，使 β_s 变成 α_p。这样，α_p 晶体围绕着 β_s 周围向液相及 β_s 内进行生长，如图 2-11 所示，因此称为包晶反应。

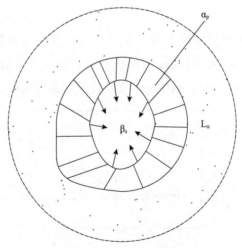

图 2-11　包晶反应示意图

在包晶体系中，在固态也存在与共晶反应一样的包析反应，如图 2-12 所示。mpo 为包析等温线，p 为包析点，三相共存的平衡反应为

$$\beta_1 + \alpha_1 \Longleftrightarrow \beta_2 \tag{2-10}$$

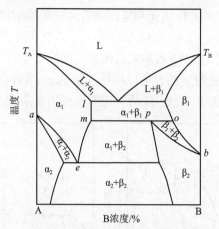

图 2-12　含包析的包晶体系相图

4. 具有一致（同成分）熔化的化合物的二元体系相图

在系统中 A 组元和 B 组元经固相反应形成一个一致熔化的化合物，用 A_mB_n 表示，并且具有固定的熔点，与 A 组元和 B 组元互不相溶，则呈图 2-13 的形式。当化合物用 A_mB_n 熔化为液相 L_m，液相用 L_m 的成分与固态用 A_mB_n 成分相同，故称为"一致熔化"或"同成分"化合物。同成分熔化化合物是非常稳定的化合物，甚至在高温熔融状态也不会分解。图中 M 点为化合物用 A_mB_n 的熔点，也称为"同成分点"。化合物用 A_mB_n、A 组元和 B 组元分别组成共晶体系，在系统中化合物用 A_mB_n 是稳定的同成分熔化化合物，可以将它看作一个组元，因此将该体系相图看作为由两个简单的 A-A_mB_n 和 A_mB_n-B 共晶体系组成的相图。

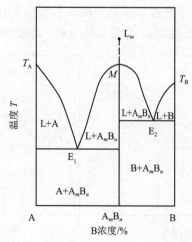

图 2-13　具有同成分熔化的化合物相图

若化合物 A_mB_n 对 A 和 B 组元相互间具有一定的溶解度，并且分别与 A 组元和 B 组元形成共晶体系，如图 2-14（a）所示。在体系中居间化合物也可能与 A 组元和 B 组元分别形成包晶体系和共晶体系，如图 2-14（b）所示。在体系中由于形成的化合物 A_mB_n 是稳定的，可以将化合物 A_mB_n 看作一个组元，因此该体系的相图可以看作 A-A_mB_n 和 A_mB_n-B 两个相图组成的复杂相图。

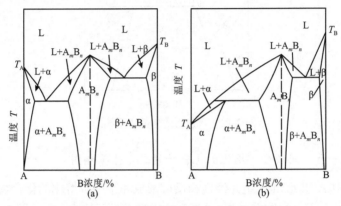

图 2-14　具有同成分熔化化合物的相图

5. 具有不一致（非同成分）熔化的化合物的二元体系相图

在二元体系中，A 组元和 B 组元经包晶反应形成一个不一致（非同成分）熔化的化合物，形成的化合物用 A_mB_n 表示。不一致（非同成分）熔化的化合物，是一种不稳定的化合物，这种化合物加热到某一温度便分解成一种液相和另一种固相，而且三者的成分彼此不同，如图 2-15 所示。与具有同成分熔化化合物的相图不同，此类相图是由一个共晶体系和包晶体系组合成的，不能将相图分成两个独立单元，因化合物 A_mB_n 在温度 T_d 会发生分解，不能当作一个纯组元。

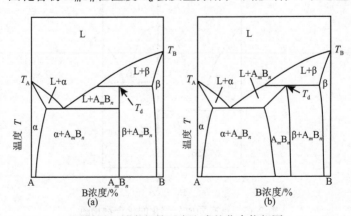

图 2-15　具有包晶反应生成的化合物相图

若非同成分熔化化合物 A_mB_n 对 A 和 B 组元不具有溶解度，则呈图 2-16 的形式。化合物 A_mB_n 加热到温度 T_P 时分解组元 B 晶相和 P 点组成的 L_P 相，故称为不一致熔化（非同成分）化合物。图中 T_AE 是与 A 组元平衡状态下的液相线，T_PP 是与组元 B 平衡状态下的液相线，PE 是与化合物 A_mB_n 平衡的液相线。E 是低共熔点，在 E 点发生的相变化为

$$L_E \rightleftharpoons A + A_mB_n \tag{2-11}$$

P 点为转熔点，在 P 点发生的相变化为

$$L_P + B \rightleftharpoons A_mB_n \tag{2-12}$$

在 P 点，在冷却时组成为 L_P 的液相回吸了之前析出的 B 组元晶相，即 B 晶相重新又溶解于液相中，并结晶出 A_mB_n 晶相。反之，在加热时化合物 A_mB_n 分解为组成 L_P 的液相和 B 组元的晶相。这一过程称为转熔过程，故 P 点称为转熔点。在 P 点是三相共存的，根据相律 $f = c - \phi + 2 = 1 - 3 + 2 = 0$，自由度 f 为 0，即温度不能变，液相的组成也不能变。

由于具有包晶反应生成化合物的相图是由一个包晶体系和共晶体系组成的，其冷却析晶过程比较复杂，尤其是经过转熔点 P 时。当熔体从①开始冷却到温度 T_K 时，熔体对 B 组元晶相饱和，开始析出 B 晶相，析出 B 晶相的状态在 M 点，随着温度降低液相点沿着 KP 向 P 点变化，不断地析出 B 晶相，固相点随之从 M 点向 J 点变化。当到达温度 T_P（转熔温度）时，发生了 $L_P + B \rightleftharpoons A_mB_n$ 的转熔过程，原先析出的 B 晶相又溶入液相 L_P（或者说被液相 L_P 回吸）而结晶出 A_mB_n 晶相。在转熔温度 T_P 处，L_P、B 和 A_mB_n 三相共存，但随着转熔过程进行，三个相的含量不断变化，液相 L_P 和 B 相含量不断减少，A_mB_n 相的含量则不断增加，固相的含量不在刚到 T_P 转熔温度时 B 相含量为 100%状态，而是离开 F 点向 D 点移动。

当到达 D 点时，B 相全部被回吸，转熔过程结束，系统中只剩下液相 L_P 和 A_mB_n 晶相。根据相律：$\phi = 2$，$f = 1$，温度可以变化。当温度继续下降，液相将离开 P 点，沿着液相线 PE 向 E 点移动，在此过程中液相不再保持 L_P 状态。随着温度下降，从液相中不断析出 A_mB_n 晶相（ $L \rightarrow A_mB_n$ ），固相点沿着 A_mB_n 组成线由 D 点向 F 点移动。当温度达到低共熔温度 E 点时，液相保持在 L_E 状态，进行 $L_E \rightleftharpoons A + A_mB_n$ 的低共熔过程，体系中开始析出 A 晶相。当最后一滴液相在 E 点消失时，固相点从 F 点移动到 H 点，与系统的状态点重合，析晶过程结束，最后的析晶产物为 A 晶相和 A_mB_n 晶相。

此外，两种固态包析反应也可能形成非同成分分解的居间化合物 γ，如图 2-17 所示，在体系中三个相（α、β 和 γ）都是固相，则存在与包晶反应相似的包析反应，其平衡状态反应为 α+β $\rightleftharpoons$ γ，图中 *apb* 为包析等温线，T_P 为包析反应温度。

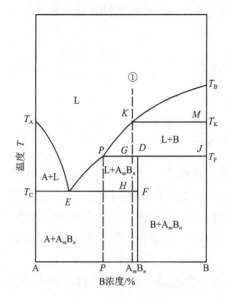

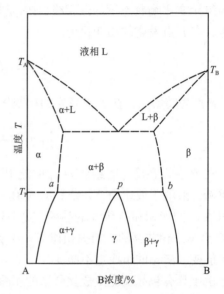

图 2-16　具有包晶反应生成的　　　　图 2-17　非同成分熔化化合物包析体系相图
　　　　　化合物析晶过程

6. 在固相中有化合物生成和分解的二元体系相图

A 组元和 B 组元通过固相反应生成了化合物 A_mB_n，但化合物 A_mB_n 只存在于某一温度范围内（$T_1 \sim T_2$），超出此温度范围，固相化合物 A_mB_n 便分解成它的成分相 A 晶相和 B 晶相，此过程实际上是共析反应：

$$A_mB_n \longrightarrow A + B \qquad\qquad (2\text{-}13)$$

在二元系统中，A 组元和 B 组元在温度 T_1（或 T_2）下发生固相反应生成化合物 A_mB_n 可能有两种不同的结果：

（1）当体系温度加热（或冷却）到温度 T_D 时，固相反应的结果生成化合物 A_mB_n，在低温时化合物 A_mB_n 是稳定的，但超过温度 T_D 时化合物 A_mB_n 发生分解，分解成 A 晶相和 B 晶相，如图 2-18（a）所示。

（2）当体系温度加热到 T_C（或冷却到温度 T_D）时，固相反应生成化合物 A_mB_n，化合物 A_mB_n 只存在于 T_C 和 T_D 范围内，超出 $T_C \sim T_D$ 温度范围，化合物 A_mB_n 便分解成 A 晶相和 B 晶相，如图 2-18（b）所示。

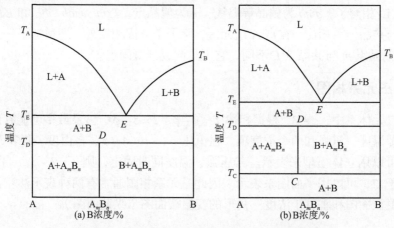

图 2-18　固相中有化合物生成和分解的二元相图

7. 液相分层体系相图

　　一种液相不完全相溶的液相分层体系，它通过两种不相溶的溶液 L_1 和 L_2 的反应形成居间非同成分熔化化合物 γ，其三相平衡是两种分层液相 L_1 和 L_2 与固相 γ 的平衡，$L_1 + L_2 \rightleftharpoons \gamma$，它与包晶反应相类似，称为综晶反应，如图 2-19 所示。amb 水平线为综晶反应等温线，在综晶反应温度以下，非同成分化合物 γ 与组元 A 和组元 B 分别形成共晶体系。

　　在液相分层体系中，当一种分层液相 L_1 与固相 α 和另一个液相 L_2 平衡时，$L_1 \rightleftharpoons \alpha + L_2$ 的反应称为偏晶反应，如图 2-20 所示。图中 c 为温度临界点，在临界点 c 温度之下，液相 L_1 和 L_2 有一个互不相溶的间隔，超过临界点 c 时，液

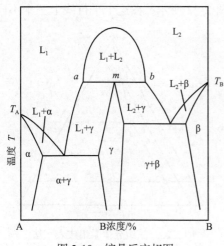

图 2-19　综晶反应相图

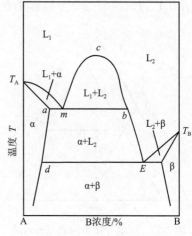

图 2-20　偏晶反应相图

相 L_1 和 L_2 相溶了。amb 为偏晶等温线，m 为偏晶点，T_Am、mcb、bE 和 ET_B 为液相线。与共晶体系相比，在富 A 组元区，除了 T_Aa 固相线外，还增加了一条固相线 ad，偏晶点 m 与共晶点 E 不同，它不是同成分凝固点。

2.3.3　三元系相图

在三元体系中，$c = 3$，根据相律 $f = c - \phi + 2 = 5 - \phi$，体系最多可能有四个自由度，即温度、压强和两个浓度项。在恒压下，$f = 4 - \phi$，自由度 f 最多等于 3，其相图可以用立体模型来表示。若压强、温度同时固定，则 $f = 3 - \phi$，自由度 f 最多等于 2，可以用平面图来表示。因此三元系相图通常有两种表示法：温度恒定的等温截面图和垂直于浓度三角形的变温截面图（纵截面图）。

1. 等温截面图

等温截面图是在某一温度下用一水平面与三元系的立体图相截而得，通常在平面图上用等边三角形来表示各组分的浓度，如图 2-21 所示。等边三角形的三个顶点分别代表纯组分 A、B 和 C，三个边分别代表 A 和 B、B 和 C、C 和 A 所形成的二元体系，三角形内任何一个点都代表三组分体系。将三角形的每一边分为 100 等份，通常沿着逆时针的方向在三角形的三个边上标出 A、B 和 C 三个组分的百分数。通过三角形内的任一点 O，引三条线 a、b 和 c 分别平行于三个边，根据几何学可知，a、b 和 c 的长度之和等于三角形的边长，即 $a + b + c = AB = BC = CA = 100\%$。$O$ 点的组成可由这些平行线在各边上的截距 a'、b' 和 c' 来表示，AC 线上的长度 a' 即为 A 的百分数，AB 线上的长度 b' 即为 B 的百分数，BC 线上的长度 c' 即为 C 的百分数。

如果有一组体系其组成位于平行于三角形某一边的直线上，则这一体系所含有顶角所代表的组分的百分数都相等，如图 2-22 所示，在这个平行线上三个不同

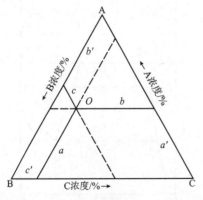

图 2-21　三组分体系的成分表示法

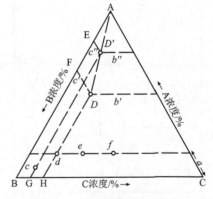

图 2-22　三组分体系组成表示法

的体系的 d、e、f 点所含 A 的百分数都相等。凡位于通过顶点 A 的任一直线上体系，如图 2-22 中 D 和 D' 两点所代表的体系，D 点中的 A 的含量比 D' 点的含量少，但其他两组分 B 和 C 的含量相同。

如果有两个三组分体系 D 和 E，由这两个三组分体系构成新的体系，其组成必位于 D、E 两点的连线上，如图 2-23 所示。E 的含量越多，则代表新体系的物系点 O 的位置越接近于 E 点。根据杠杆定律，D 的含量× OD ＝ E 的含量× OE。

如果有三个三组分体系 D、E、F 混合组成的混合物，如图 2-24 所示，其物系点可通过下述方法求得。先依据杠杆定律得出 D 和 E 两个三元体系所组成的物相点，然后再依据杠杆定律得出 G 和 F 所形成体系的物系点 H，H 点就是 D、E、F 三个三组分体系所构成的混合物的物系点。

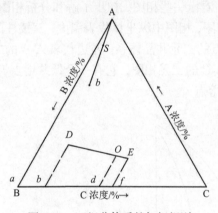
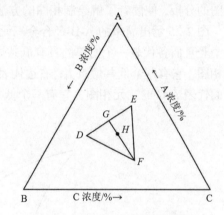

图 2-23　三组分体系的杠杆规则　　　　图 2-24　三组分体系的重心规则

2. 变温截面图

变温截面图是按所需要的位置和方向，用一垂直于浓度三角形与三元系的立体图相截而得。通过变温截面图可以知道，当体系处于某种状态时，体系分离为哪些平衡共存的相，但不能确定各相的成分。

三元系由组元 A、B、C 组成，相应的三个二元系为 A-B、B-C、C-A。三元系相图的类型取决于二元系所属的相图类型。不形成化合物的二元系相图类型有互溶体系、共晶体系和包晶体系，因此可以通过相互之间不同组合，组成 10 种不形成化合物的三元系相图：

（1）由三个完全互溶的二元系所组成；

（2）由三个共晶二元系所组成；

（3）由三个包晶二元系所组成；

（4）由二个完全互溶二元系和一个共互溶二元系所组成；

（5）由二个完全互溶二元系和一个包晶二元系所组成；

（6）由二个共晶二元系和一个完全互溶二元系所组成；

（7）由二个共晶二元系和一个包晶二元系所组成；

（8）由二个包晶二元系和一个完全互溶二元系所组成；

（9）由二个包晶的二元系和一个共晶二元系所组成；

（10）由一个完全互溶二元系、一个共晶二元系和一个包晶二元系所组成。

实际上许多三元系经常出现若干个二元化合物和三元化合物，所形成的化合物可以是同成分熔化的化合物，也可以是非同成分熔化化合物，其相图结构比较复杂，有关专著已有论述[1-4]。由于三元系相图比较复杂，在晶体生长应用较少，本章仅对一种简单的由三个共晶二元系所组成的三元系相图加以介绍，通过简单相图的分析，使读者了解绘制相图的方法，看懂一些相图，初步了解和分析相图。

图 2-25 示出简单的 A-B-C 合金三元相图，相图中纵坐标代表温度，三棱柱的三个竖直面各代表一个简单的具有低共熔点的二元共晶体系。左边代表 A-B 的二元相图，它有一个低共熔点 l_1；右边代表 B-C 的二元相图，它有一个低共熔点 l_2；后面代表 A-C 的二元相图，它有一个低共熔点 l_3。

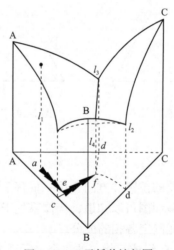

图 2-25　三元低共熔相图

若开始时 A-B 体系已在 l_1 点，当加入第三组分 C 后，体系称为三元系，l_1 点将沿着 $l_1 l_4$ 线下降，达到 l_4 点时开始有固态 C 析出。同理，在 B-C 二元系的 l_2 点，当加入 A 时 l_2 将沿着 $l_2 l_4$ 线下降，到达 l_4 时开始有固态 A 析出。在 B-C 二元系的 l_3 点，当加入 B 时，l_3 点将沿着 $l_3 l_4$ 线下降。$l_1 l_4$、$l_2 l_4$、$l_3 l_4$ 三条线会聚于 l_4 点，即 A（固相）-B（固相）-C（固相）-熔液（液相）四相共存，l_4 点称为三元低共熔点。

假设体系开始时是任一组成的熔液，当冷却后，根据这个相图就知道它在什么温度开始有什么固体析出。通常可以使用立体图在底面上的投影图，图 2-26 是图 2-25 的等温截面图在底面上的投影图。图 2-26 示出高温熔液在三元低共熔体系中的冷却过程，冷却路线图中用箭头表示。假设合金最初的组成点在图上 a 点，当从高温熔液冷却时，在大约 215℃时触到 A-$l_1l_4l_3$ 曲面，开始析出 A 晶体。由于 A 晶体的析出，余下的熔液的组成将发生变化，但它所含的 B 和 C 的相对比例不变，所以熔液的组成将沿着 A-a 的延长线移动，直至 e 点，e 点在 l_1l_4 线上，所以开始析出 B 的晶体。再继续冷却，A 和 B 的晶体将同时析出，熔液的组成沿着 l_1l_4 线下降，直至达到三元低共熔点 l_4，又开始析出 C 晶体。此时体系到达四相平衡，若继续冷却，体系就在 l_4 点全部凝固。

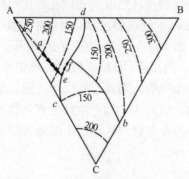

图 2-26　三元系相图的三角形状态图

2.4　相图的实验测定与绘制

本节介绍采用差热分析（differential thermal analysis，DTA）和 X 射线粉末衍射（X-ray diffraction of powder）方法测定相图的实验方法。

2.4.1　差热分析基本原理[5-7]

采用差热分析或差示扫描量热法（differential scanning calorimetry，DSC）和 X 射线粉末衍射法是常用的测定相图的方法。X 射线粉末衍射法是常用的物相分析方法，每个物相都有自己特定的 X 射线衍射花样，对于两相或多相，其 X 射线衍射谱则是两相或多相衍射谱的叠加。那么，对照标准粉末衍射卡的谱图，就可以获得体系中是否产生新的物相以及相存在的对应关系的信息，X 射线粉末衍射法的晶体学基础和实验方法可参阅有关专著论述[5-8]。

差热分析和差示扫描量热法是在程序控制温度下，测量物质在加热过程中吸热和放热的行为及材料的物理化学变化与温度关系的一种技术。因此，采用差热分析和 X 射线粉末衍射法成为测定相图最常用的一种实验技术方法。

　　差热分析仪主要由温度控制系统和差热信号测量系统组成，辅之以气氛和冷却水通道，测量结果由记录仪或计算机数据处理系统处理。

　　差热分析仪温度控制系统：由程序温度控制单元、控温热电偶及加热炉组成。程序温度控制单元可编程序模拟复杂的温度曲线，给出毫伏信号。当控温热电偶的热电势与该毫伏值有偏差时，说明炉温偏离给定值，由偏差信号调整加热炉功率，使炉温很好地跟踪设定值，产生理想的温度曲线。

　　差热分析仪差热信号测量系统：由差热传感器、差热放大单元等组成，利用差热电偶来测定热中性体（参比物）与被测试样在加热过程中的温差，差热传感器即样品支架，由一对差接的点状热电偶和四孔氧化铝杆等装配而成。测定时将试样与参比物（常用 α-Al_2O_3）分别放在两只坩埚中，置于样品杆的托盘上，然后加热炉按一定速率升温（如 10℃/min），如图 2-27 所示。如果试样在升温过程中，不发生物理化学变化，没有热反应（吸热或放热），则试样与热中性体之间无温差，差热电偶两端的热电势互相抵消，则其与参比物之间的温差 $\Delta T = 0$；如果试样发生了物理化学变化，有热效应产生，如产生相变或气化则吸热，产生氧化分解则放热，差热电偶就会产生温差电势，从而产生温差 ΔT。

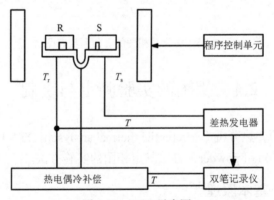

图 2-27　DTA 示意图

R. 参比物；S. 试样；T_r. 参比物温度；T_s. 试样温度；T. 记录的试样温度

　　数据处理系统：测量结果由记录仪或计算机数据处理系统进行处理，将 ΔT 所对应的电势（电位）差放大并记录，以试样与热中性体的温差对时间（或温度）作图，就得到差热曲线（DTA 曲线）。在试样没有热效应时，由于温差是零，差热曲线为水平线。在有热效应时，曲线上便会出现峰或谷。曲线开始转折的地方代表试样物理化学变化的开始，峰或谷的顶点表示试样变化最剧烈的温度，热效应越大，则峰或谷越高，面积越大。各种物质因物理特性不同，表现出不同特有的差热曲线，DTA 曲线如图 2-28 和图 2-29 所示。在图 2-28 中 A 为热效应的起始点，B 为热效应的峰值，它不代表热效应过程的最大速率，也不代表热效应的终止，DTA 热效应的吸热峰与升温速率密切相关，通常随着升温速率提高，热效应的起始点温度、峰值温度和终止点温度随着升温速率升高而提高，且峰幅变窄。D 点所对应的温度是吸热峰 AB 边斜率与基相延长线的交点，即试样的熔化温度。图 2-29 所示的是在测定相图中常见的 DTA 曲线，它由两个吸热峰组成，第一个吸热峰的斜率 AB 与基线延长线交于一点 C，即试样开始部分熔化的温度，相对应于二元共晶体系中的共晶温度。第二个吸热峰的峰值 D 点所对应的温度，即试样完全熔化温度，对应于二元共晶体系中液相线上熔化温度。

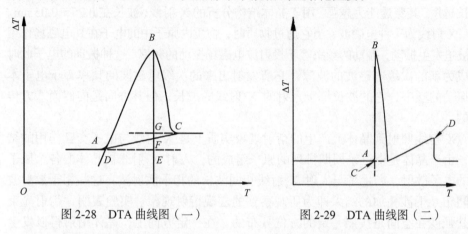

图 2-28　DTA 曲线图（一）　　　　　　图 2-29　DTA 曲线图（二）

　　差示扫描量热法是 20 世纪 60 年代后发展的一种热分析方法，它是通过程序控制温度，测量试样热量变化和温度关系的一种技术。根据测量方法的不同，又分为功率补偿型和热流型。DSC 的主要特点是使用的温度比较宽、分辨率高、灵敏度高，与 DTA 相比较，DTA 只能测试 ΔT 信号，而 DSC 能定量测量物质的各种热力学参数（如热焓、熵、比热）和动力学参数，除了能测量 ΔT，还能建立 ΔH 与 ΔT 之间的联系，所以在应用科学和理论研究中获得广泛的应用。

2.4.2　X 射线粉末衍射原理[8-11]

　　1895 年德国物理学家伦琴（W. K. Röntgen）发现了 X 射线，此后 X 射线在许多领域都得到了极为广泛的应用。1912 年德国物理学家劳厄等发现了 X 射线在晶体中的衍射现象，一方面证明了 X 射线是一种电磁波，另一方面为用 X 射线研究晶体材料开辟了方向。同年英国物理学家布拉格父子（W. H. Bragg 和 W. L. Bragg）首次用 X 射线衍射方法测定了氯化钠的晶体结构，开创了 X 射线晶体结构分析的历史。在晶体材料研究方面，X 射线分析方法主要用来进行物相鉴定、点阵常数测量、单晶取向测定、晶体中缺陷的检测、晶粒大小的测定及晶体结构的分析。X 射线还可用来对元素、化合物和混合物进行定量和定性分析。根据应用目的不同，科学家们发展了多种 X 射线分析方法，但是它们都是以劳厄方程和布拉格定律为基础的。

1. X 射线粉末衍射的物理基础

X 射线和无线电波、可见光、紫外线及 γ 射线等本质上都是电磁波，但是彼此占据不同的波长范围。X 射线波长很短，为 $10^{-3} \sim 10 \, nm$，其波长比紫外线短，而比 γ 射线长。X 射线存在于一个波长范围内，不同波长的 X 射线有不同的用途。波长越短，其穿透能力越强。用于晶体结构分析的 X 射线，波长在 $0.25 \sim 0.05 \, nm$。

X 射线为一种电磁波，当它通过物质时，物质内原子中的电子在其电磁场作用下被迫发生振动，振动的频率等于投射波电磁场振动的频率。这种振动的电子此时便成为新的次级电磁波的波源，它所发射出来的次级电磁波的频率等于电子本身振动的频率，它的波长等于入射的 X 射线的波长，但其方向是向四面八方传播的。

X 射线照射到晶体上产生的衍射现象实质上是 X 射线与电子交互作用的结果，由于晶体是由三维周期排列的原子组成的，入射 X 射线被晶体的各个原子中的电子散射，产生了与入射 X 射线相同波长的相干散射波，这些相干散射波之间相互干涉叠加的结果即为所观察到的宏观衍射现象。实验表明，衍射光束及其强度在空间是按照一定的方位分布的。在一定方向上，晶体衍射得以发生的条件是构成三维点阵的晶体内部原子（分子、离子等）之间的散射必须满足如下条件：

$$
\begin{aligned}
a \cdot s &= h \\
b \cdot s &= k \\
c \cdot s &= l
\end{aligned}
\tag{2-14}
$$

这三个方程就是在 X 射线晶体学中非常重要的劳厄方程。

1913 年，布拉格（W. L. Bragg）给出了 X 射线衍射斑点实际位置的第一个数学说明。其设定，晶体对 X 射线的衍射可以视为晶体中某些原子面对 X 射线的"反射"。这个数学说明就是著名的布拉格方程：

$$
2d \sin \theta = n\lambda
\tag{2-15}
$$

这个方程给出了以 λ 和反射面间距 d 表示的反射角 θ 的允许值。其含义为当一束单色且平行的 X 射线照射到晶体时，同一晶面上的原子的散射线在晶面反射线方向上是同周相的，因而可以叠加；不同晶面的反射线若要叠加，必要的条件是相邻晶面反射线的程差为波长的整数倍。式中，θ 为入射线（或反射线）与晶面的夹角，称为布拉格角。入射线和衍射线之间的夹角为 2θ，称为衍射角。n 为整数，称为反射的级。

2. X 射线粉末衍射原理

当 X 射线照到晶体粉末样品上时，粉末晶体中含有许多小晶粒，它们具有相同的倒易点阵。在同一束 X 射线照射下，每粒粉末晶体虽然取向不同，但倒易点阵原点相同，均交在反射球面的同一点上。由于晶粒无规则的取向和各晶粒对应的倒易点阵的取向也无规则。对某一倒易点阵 hkl，无论晶粒取向如何，它和倒易点阵原点距离相同，而且必然有一部分晶粒的倒易点阵点 hkl 刚好碰到反射球面上。因为晶粒数目很多，晶粒取向又无规则，所以这一倒易点阵点在反射球面上的分布形成一个圆圈，这个圆和倒易点阵原点距离相同。从反射球的球心到球面上圆圈的连线形成一圆锥面形的一圈衍射线。不同的倒易点阵和原点距离不同，圆锥面的张角不同。所以不同衍射 hkl 的衍射线形成一圈圈的同心圆。记录所得的这种粉末晶体的衍射图，简称粉末衍射图。每一种晶体物质如同人的指纹一样给出独有的衍射花样，它的衍射线的分布位置和强度高低有着特征的规律，因而成为物相鉴定的基础。

X 射线粉末衍射的基本原理可以由埃瓦尔德球（Ewald sphere）得到十分简洁明了的说明，如图 2-30 所示。

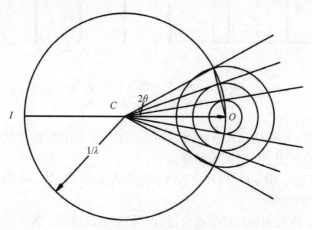

图 2-30　埃瓦尔德球

利用 X 射线粉末衍射图可以对样品进行定性和定量分析。定性分析主要是鉴别样品由哪些物相组成，特别是结合其他测定物质成分的手段（如化学分析、X 射线荧光分析等），可以准确地区分多相物质的结构相。同时，利用 X 射线粉末衍射谱，可以对晶体进行指标化，确定晶体的单胞参数，由晶体的宏观对称性和衍射峰的系统消光规律确定晶体的空间群。在物相分析和晶体指标化的基础上，可以通过样品的变温 X 射线粉末衍射谱来判断样品是否存在相变，并确定相变的温度及相变前后的物相，甚至还可以用于样品的热膨胀系数的测量。

2.4.3　相图的测定和绘制

差热分析（DTA）和 X 射线粉末衍射是测定相图最常用的实验方法，通常先将差热分析结果标在一张坐标图上（图中小圆点），然后结合 X 射线衍射物相结果，根据相律绘制出相图，如图 2-31 所示。

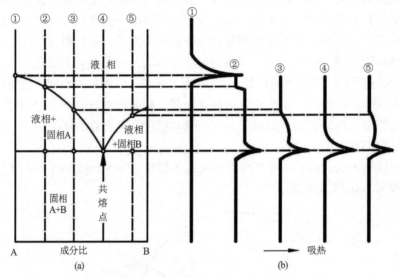

图 2-31　测定的相图与 DTA 曲线
（a）测定的相图；（b）DTA 曲线

以测定 BaB_2O_4-K_2O 二元系相图为例[12]，采用差热分析和 X 射线粉末衍射法测定相图的实验方法，一般实验步骤如下：

（1）样品配制：BaB_2O_4 和 K_2O 按不同的摩尔比称量，表 2-1 列出不同样品的 BaB_2O_4 和 K_2O 的含量。

（2）烧结：将配制好的样品充分混合和研磨后压成片，置于坩埚内，缓慢升温至约 700℃的温度烧结，使之进行固相化学反应。

（3）差热分析：合成好的样品通常以 10℃/min 的升温速率进行差热分析，差热分析的结果标明在图上（图 2-32 中小圆圈）。

（4）X 射线衍射物相分析：合成好的样品进行 X 射线粉末衍射分析，X 射线衍射物相分析结果列于表 2-1 中。

（5）绘图：综合差热分析和 X 射线衍射物相分析结果，将差热分析结果的各个点用直线或曲线连接起来，并标出所有点、线、面所代表的意义，如图 2-32 所示。

表 2-1　试样的 X 射线衍射物相分析结果

组分 K₂O 含量/mol%	相组成	组分 K₂O 含量/mol%	相组成
0	BaB_2O_4（α）	45	$X_2+\delta$
5	$\alpha+X_1$	47.5	$X_2+\delta$
10	$\alpha+X_1$	50	$X_2+\delta$
15	$\alpha+X_1$	60	$X_2+\delta$
20	$\alpha+X_1$	65	$X_2+\delta$
25	$\alpha+X_1$	70	$X_2+\delta$
30	$\alpha+X_1$	75	$X_2+\delta$
35	$\alpha+X_1$	80	$X_2+\delta$
37.5	$5BaB_2O_4\cdot3K_2O$（X_1）	85	$X_2+\delta$
40	X_1+X_2	90	$X_2+\delta$
42.5	X_1+X_2	95	$X_2+\delta$
42.86	$BaK_6B_8O_{19}$（X_2）	100	K_2O（δ）
44.44	$X_2+\delta$		

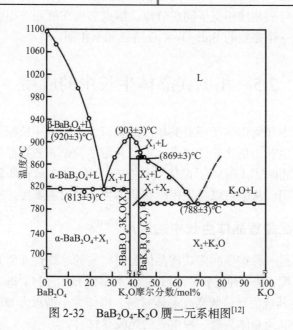

图 2-32　BaB_2O_4-K_2O 赝二元系相图[12]

在 BaB_2O_4-K_2O 赝二元系中，形成了两个新的化合物，一个是同成分熔化化合物 $5BaB_2O_4\cdot3K_2O$，另一个是非同成分熔化化合物 $BaK_6B_8O_{19}$。同成分熔化化合物 $5BaB_2O_4\cdot3K_2O$ 与 BaB_2O_4 形成共晶体系，共晶温度为 813℃，共晶点组成为 25mol% K_2O，920℃处的虚线为 BaB_2O_4 晶体的相变温度。在 42.6mol% K_2O

处形成另一个新化合物，其成分接近于 $Ba_4K_6B_8O_{19}$，新化合物 $Ba_4K_6B_8O_{19}$ 在 869℃ 由包晶反应形成，与 K_2O 形成共晶体系，共晶温度为 788℃，共晶点成分为 67.5mol% K_2O。

当相图绘制完毕后，需要全面检查相图中点、线、面的配置是否违反了热力学原理和相律：

（1）固-液两相间的液相线和固相线，延伸到纯组元处，必须交于一点，即该组元的熔点；

（2）共晶反应时，两条液相线与共晶线应交于一点；

（3）同一相的两条溶解度曲线（液相线和固相线，或一条固相线和一条液相线）须交于一点；

（4）一单相区的相界与一水平线相交后，相界的延长线须进入两相区，不应进入单相区；

（5）一单相区内不应有一根线将其分割为两个小区；

（6）两个单相区不能用一条水平线隔开（水平线应是两个相区的交线）；

（7）两单相区只能交于一点，两单相区之间须由一个二相区隔开；

（8）液相线与固相线相交于同成分点，熔点必须在液固二相区的水平切线。

那么就得到一张完整的 BaB_2O_4-K_2O 赝二元系相图。

2.5　相图在晶体生长中的应用

在晶体生长中如何正确使用有关相图的知识？应用到生长配料、生长方法及工艺处理，以便生长出更优质的单晶。本节介绍了两个相图在晶体生长中应用的典型例子：①在铌酸锂（$LiNbO_3$）晶体生长中的应用；②在具有高温相结构 α-BBO 晶体生长中的应用。从中可以窥见相图在晶体生长中的重要性。

2.5.1　相图在铌酸锂晶体生长中的应用[13-16]

铌酸锂晶体是一种重要的多功能晶体材料。它的非线性光学系数大，能够实现非临界相位匹配，是一种重要的非线性光学晶体材料。在 $LiNbO_3$ 中掺入激光激活离子 Nd^{3+}，使其成为自倍频激光晶体材料，可作为小型激光器的工作物质。此外，它还是一种电光晶体，是一种重要的光波导材料。

最初人们认为 $LiNbO_3$ 是一种同成分融化化合物，熔点为 1253℃，不存在固溶区，如图 2-33 所示[13]。在生长 $LiNbO_3$ 时，将 Li_2O 和 Nb_2O_5 以 1:1 摩尔比配料，当生长过程温度的波动造成杂相 Li_3NbO_4 的生成，使晶体质量受到严重的损害。后来发现 $LiNbO_3$ 存在固溶区，修正了 Li_2O-Nb_2O_5 相图，发现它的同成分熔

化点处的 Li_2O 的摩尔分数为 48.6mol%，相应的分子式为 $Li_{0.945}NbO_{2.973}$，如图 2-34 和图 2-35 所示[14,15]。按照此百分比配料进行生长，结合生长后期的热处理，就可以生长质量较好的晶体。后来进一步对 Li_2O-Nb_2O_5 相图研究表明，它的同成分熔化温度为 1275℃，同成分熔化点处的 Li_2O 的摩尔分数为 48.8mol%，如图 2-36 所示[16]。按这个成分配料，并在生长后期进行适当的热处理工艺，可生长出高质量的单晶。

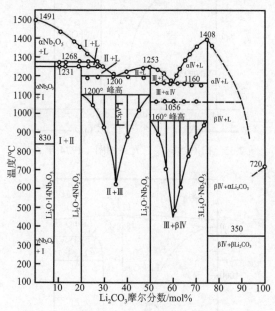

图 2-33　Li_2O- Nb_2O_5 二元系相图（1958 年）[13]

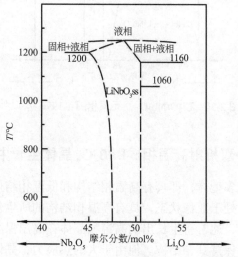

图 2-34　Li_2O-Nb_2O_5 二元系相图（1968 年）[14]

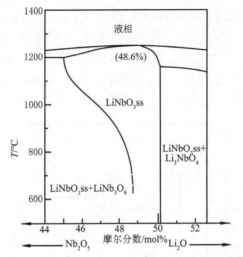

图 2-35　Li$_2$O-Nb$_2$O$_5$ 二元系相图（1974 年）[15]

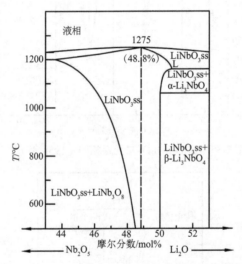

图 2-36　Li$_2$O-Nb$_2$O$_5$ 二元系相图（1996 年）[16]

2.5.2　相图在紫外双折射高温相α-BaB$_2$O$_4$晶体生长中的应用[17-25]

一些化合物具有多型体，即具有高温相结构和低温相结构，具有高温相结构的晶体在室温下通常处于亚稳状态。具有高温相结构的所生长的晶体需要进行晶体生长工艺后期处理，通常将生长出的高温相晶体在高温保温一段时间，使其成分均匀化后骤冷，以保持其相结构。但由于大的热应力，晶体非常容易开裂，往往得不到满意的结果。BaB$_2$O$_4$晶体具有高温相（α-BBO）和低温相（β-BBO）结

构[17]。近来，人们发现高温相 α-BBO 是一种优秀的紫外双折射晶体[18]。BaB₂O₄
晶体属于同成分熔化化合物，其熔点为 1105℃，因此可以采用提拉法生长。但由
于 BaB₂O₄ 晶体从高温相到低温相的相变温度为(920±10)℃[19,20]，因此所生长的晶
体倾向于开裂，难以获得具有完美且无裂纹的晶体[18]。为了获得具有完美且无裂
纹的晶体，生长 α-BBO 晶体时需要采用热处理工艺技术，然而通过热处理技术仍
难以获得令人满意的结果。三十多年前，作者在研究 BaB₂O₄ 晶体相关体系相图时
发现一个重要的物理现象，当 Sr²⁺ 掺入 BaB₂O₄ 晶体中形成 Ba₁₋ₓSrₓB₂O₄ 固溶体晶
时，可以将高温相 BaB₂O₄ 晶体稳定到室温，如图 2-37 所示[21]，并探讨了 Sr²⁺ 掺
入 BaB₂O₄ 晶体后可将高温相 BaB₂O₄ 晶体稳定到室温的机理[22]。

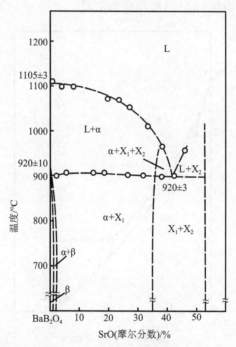

图 2-37　BaB₂O₄-SrO 截面：（α 为高温相 BaB₂O₄，β 为低温相 BaB₂O₄，X₁、
X₂ 为未知相，L 为液相）[21]

　　中国科学院福建物质结构研究所吴少凡等根据 BaB₂O₄-B₂O₄ 和 BaB₂O₄-SrO
相图在 BaB₂O₄ 化合物中掺入少量 Sr²⁺ 可将高温相 BaB₂O₄ 稳定到室温的原理[21]，
先后采用提拉法生长掺入不同浓度 Sr²⁺ 的 α-BBO 晶体，无需后期的热处理工艺，
成功地解决了提拉法生长高温相 α-BBO 晶体的开裂问题，生长出大尺寸、高质量
的 α-BBO 晶体[23,24]（见 9.2 节）。现在，α-BBO 晶体作为商业化的优秀紫外双折

射晶体，已广泛应用于偏振棱镜、相位补偿器、偏振分束器等。

为什么高温相 α-BBO 掺入 Sr^{2+} 后可以将 α-BBO 稳定到室温？根据热力学原理，高温相 α-BBO 的化学势高于低温相 β-BBO 的化学势，即高温相 α-BBO 的吉布斯自由能 G_α 高于低温相 β-BBO 的吉布斯自由能 G_β，随着温度降低，α-BBO 的化学势逐渐降低，当低于低温相 β-BBO 的化学势时，为了保持体系的稳定性，α-BBO 就转换成具有低化学势的 β-BBO。图 2-38 示出高温相的 $Ba_{1-x}Sr_xB_2O_4$ 固溶体的单胞体积随组成变化图，如果采用离子半径较小的 Sr^{2+}（0.118 nm）替代部分离子半径较大的 Ba^{2+}（0.135 nm）形成具有高温相结构的 $Ba_{1-x}Sr_xB_2O_4$ 固溶体，$Ba_{1-x}Sr_xB_2O_4$ 固溶体的单胞体积随着 Sr^{2+} 浓度的增加而减小，降低了具有高温相结构 $Ba_{1-x}Sr_xB_2O_4$ 固溶体的吉布斯自由能 G_α，当其吉布斯自由能 G_α 接近或低于低温相 β-BBO 的吉布斯自由能 G_β，就被稳定到室温。

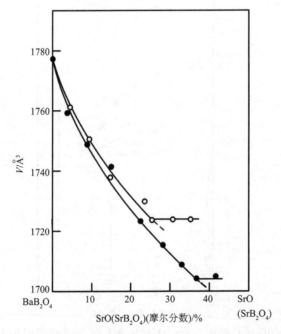

图 2-38　高温相的 $Ba_{1-x}Sr_xB_2O_4$ 固溶体的单胞体积随组成而变化：○为 BaB_2O_4-SrB_2O_4 体系；●为 BaB_2O_4-SrO 体系[21]

图 2-39 示出高温相 $Ba_{1-x}Sr_xB_2O_4$ 固溶体的相变图，其中α代表高温相α-BBO 的吉布斯自由能曲线，β代表低温相β-BBO 的吉布斯自由能曲线。$T_{\alpha\beta}$ 为 BBO 晶体的相变温度。当形成 $Ba_{1-x}Sr_xB_2O_4$ 固溶体时，随着 Sr^{2+} 浓度的增加，单胞体积减小，α-BBO 的吉布斯自由能 G_α 随之降低（曲线α）。当低于低温相β-BBO 的吉布斯自由能 G_β 时，将具有高温相的 $Ba_{1-x}Sr_xB_2O_4$ 固溶体稳定至室温[25]。

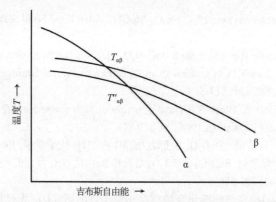

图 2-39　高温相 $Ba_{1-x}Sr_xB_2O_4$ 固溶体的相变温度与吉布斯自由能 G 的关系[25]

　　"碱和碱土金属硼酸盐体系相图、相变和相结构研究" 1987 年获中国科学院科技进步奖二等奖，获奖人：黄清镇、梁敬魁、王国富等，获奖单位：中国科学院福建物质结构研究所。

参 考 文 献

[1] 梁敬魁. 相图与相结构[M]. 北京: 科学出版社, 1993.

[2] 郭祝崑, 林祖纕, 严东生. 高温相平衡图与相图[M]. 上海: 上海科学技术出版社, 1987.

[3] 陆学善. 相图与相变[M]. 合肥: 中国科学技术大学出版社, 1990.

[4] 赵慕愚. 相律的应用及其进展[M]. 长春: 吉林科学技术出版社, 1988.

[5] 张仲礼, 黄兆铭, 李选培. 热学式分析仪器[M]. 北京: 机械工业出版社, 1984.

[6] 陈镜泓, 李传儒. 热分析及其应用[M]. 北京: 化学工业出版社, 1985.

[7] 李余增. 热分析[M]. 北京: 清华大学出版社, 1987.

[8] 许顺生. 金属 X 射线学[M]. 上海: 上海科学技术出版社, 1962.

[9] 彭志忠. X 射线分析简明教程[M]. 北京: 地质出版社, 1982.

[10] 杨传铮, 谢达材, 陈癸尊, 等. 物相衍射分析[M]. 北京: 冶金工业出版社, 1989.

[11] 方奇. 结晶学原理[M]. 北京: 国防工业出版社, 2002.

[12] 王国富, 黄清镇. BaB_2O_4-K_2O 和 BaB_2O_4-$K_2B_2O_4$ 赝二元系相图的研究[J]. 物理学报, 1985, 34: 562-565.

[13] Reisman A, Holtzberg F. Heterogeneous equilibrium in the system Li_2O, Ag_2O-Nb_2O_5 and oxide-models[J]. J Chem Soc, 1958, 80: 6503-6507.

[14] Lerner P, Legras C, Dumas J P. System Li_2O-Nb_2O_5. Partial binary, 40%~60% Li_2O[J]. J Cryst Growth, 1968, 3-4: 231-235.

[15] Svasand L O, Eriksrud M, Nakken G, et al. System Li_2O-Nb_2O_5. Partial binary, 44%~56% Li_2O[J]. J Crystal Growth, 1974, 22: 230-232.

[16] Dakki A, Ferriol M, Cohen M T. Growth of MgO-doped $LiNbO_3$ single-crystal fibers: phase

equilibria in the ternary system Li$_2$O-Nb$_2$O$_5$-MgO[J]. Adad Eur J Solid State Inorg Chem, 1996, 33: 19-31.

[17] Levin E M, Mcmurdie H F. The system BaO-B$_2$O$_3$[J]. J Res Nat Bur Stand, 1949, 42: 131-138.

[18] Zhou G Q, Xu J, Chen X D, et al. Growth and spectrum of a novel birafrigent α-BBO crystal[J]. J Cryst Growth, 1998, 191: 517-519.

[19] Mighell A D, Perloff A, Bloch S. Crystal structure of high temperature from of barium borate BaO · B$_2$O$_3$[J]. Acta Crystallog, 1966, 20: 819-823.

[20] 梁敬魁, 张玉苓, 黄清镇. BaB$_2$O$_4$相变动力学的研究[J]. 化学学报, 1982, 40: 994-1000.

[21] 王国富, 黄清镇, 梁敬魁. BaB$_2$O$_4$-SrOB$_2$O$_4$截面和 BaB$_2$O$_4$-SrO 截面的相平衡关系的研究[J]. 化学学报, 1984, 42: 503-508.

[22] 王国富. 结晶化学稳定剂影响化合物高温相稳定性的研究[J]. 无机材料学报, 1991, 6: 326-329.

[23] Wu S F, Wang G F, Xie J L, et al. Growth of large birefringent α-BBO crystal[J]. J Cryst Growth, 2002, 245: 84-86.

[24] Huang Y S, Wang G J, Zhang L Z, et al. Growth and optical properties of high-quality and large-sized ultraviolet birefrigent crystal of Ba$_{1-x}$Sr$_x$B$_2$O$_4$ (x=0. 006~0. 13) solid solution[J]. J Cryst Growth, 2011, 324: 255-258.

[25] Wang G F, Zhang L Z, Huang Y S, et al. Crystal Growth: Theory, Mechanism and Morphology[M]. New York: Nova Science Publishers, Inc., 2012.

第3章　水溶液晶体生长技术

从水溶液中生长晶体的历史悠久，远古先民就已知道从饱和的卤水中生产出食盐。水溶液晶体生长基本原理是将原料（溶质）溶解于溶剂中，采取适当的措施使溶液处于过饱和状态，进而从中生长出晶体。

3.1　溶液和溶解度

3.1.1　溶液的概念

两种或两种以上的物质混合形成均匀稳定的体系称为溶液。溶液广义上包括液态溶液、气态溶液（空气）和固态溶液（固溶体）。一般情况下，把能溶解其他物质的化合物称为溶剂，被溶解的物质称为溶质。若两种液体互相溶解时，一般把量多的称为溶剂，量少的称为溶质。水溶液晶体生长所涉及的溶液是指溶剂为液体和溶质为固体的溶液。

3.1.2　溶解度和溶解度曲线

在一定温度和压强下，固态物质在溶剂中达到饱和状态时所溶解的溶质的质量，称为这种物质在溶剂中的溶解度。物质的溶解度属于物理性质，通常情况下，溶解度指的是物质在溶液中的溶解度，表示一种物质在溶剂中的溶解能力，通常用易溶、可溶、微溶、难溶或不溶等粗略的概念形容。溶剂在溶液中的溶解度可以采用体积摩尔浓度、质量摩尔浓度、摩尔分数和质量分数等几种表达方式，即

（1）体积摩尔浓度：溶质摩尔数/1 L 溶液；

（2）质量摩尔浓度：溶质摩尔数/1000 g 溶液；

（3）摩尔分数：溶质摩尔数/溶液的总摩尔数；

（4）质量分数：溶质的克数/100 g（或 1000 g）溶液。

在溶液体系中，压强对溶解度的影响非常小，而温度对溶解度的影响是非常显著的，这种溶解度随温度变化的关系可以用温度-溶解度曲线表示。图 3-1 示出几种晶体在溶液中随温度变化的典型溶解度曲线，一般而言，大部分溶质的溶解度是随着温度升高而增大，即溶解度温度系数为正值。但也有少数溶质的溶解度

随着温度的升高而减小，如碘酸锂和硫酸锂晶体的溶解度是随着温度升高而减小，它的溶解度温度系数为负值。

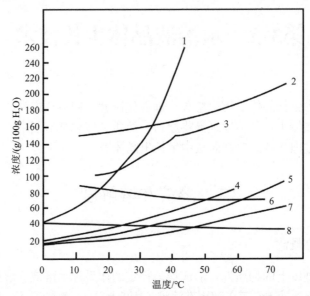

图 3-1　一些物质在水溶液中的溶解度曲线[1]

1. 酒石酸钾钠（KNT）；2. 酒石酸钾（DKT）；3. 酒石酸乙二胺（EDT）；4. 磷酸二氢铵（ADP）；
5. 硫酸甘氨酸（TGS）；6. 碘酸锂（LI）；7. 磷酸二氢钾（KDP）；8. 硫酸锂（LSH）

　　温度对溶解度的影响可通过下式表示：

$$\frac{\mathrm{d}\ln x}{\mathrm{d}T} = \frac{-\Delta H}{RT^2} \tag{3-1}$$

式中，x 为溶质的摩尔分数；ΔH 为溶质的摩尔溶解热；T 为热力学温度；R 为摩尔气体常量。在理想状态下，式（3-1）可写为

$$\lg x = \frac{-\Delta H}{2.303R}\left(\frac{1}{T} - \frac{1}{T_0}\right) = \frac{-\Delta H\left(T_0 - T\right)}{4.579T_0T} \tag{3-2}$$

式中，T_0 为晶体的熔点，从式（3-2）可以看出，大多数晶体的溶解过程是吸热过程，它的 ΔH 为正值，温度升高，溶解度增大。反之，温度降低，溶解度减小。在一定的温度下，高熔点晶体的溶解度低于低熔点晶体的溶解度。

　　溶解度曲线是选择从溶液中生长晶体的方法和稳定合适的生长温度区间的重要依据。一般而言，对于溶解度大且温度系数大的物质，可采用缓慢降温法生长。对于溶解度大但温度系数小的物质，可采用蒸发法生长。

3.1.3　饱和温度和溶解度的测定

溶液达到饱和状态时的温度，即固体溶质和溶液达成平衡的温度称为饱和温度。常用的测定饱和温度的方法有：①平衡法；②浓度涡流法；③光学效应法：纹影法、狭缝光源法；④平衡温度称重法。

1. 平衡法

在接近饱和温度的溶液中，加入固体溶质，在一定温度下不断搅拌，直至剩余溶质不再溶解，此时溶液的温度即可看成此溶液的饱和温度。方法虽然简便，但无法测定出此温度下溶液的溶解度，而且温度精度低，为 0.5～1℃，实际应用意义不大。

2. 浓度涡流法

用一粒籽晶悬挂在近饱和溶液中，仔细观察籽晶周围的液流情况。当溶液处于不饱和状态时，接近籽晶表面的溶液，由于晶体的溶解，其密度大于周围溶液的密度，产生一股向下的涡流，同时籽晶的棱角变得圆滑，表面晶体开始溶解了，如图 3-2（a）所示。当溶液处于过饱和状态时，由于溶质开始在籽晶上析出，籽晶表面的溶液密度小于周围溶液的密度，产生出一股向上运动的涡流，称为生长涡流，籽晶的棱角变锐，表明晶体已经生长了，如图 3-2（b）所示。因此，可以通过调节溶液的温度，观察籽晶周围涡流的运动情况，来判断溶液的饱和温度，直至籽晶周围涡流消失，此时的温度即为溶液的饱和温度。此方法的精确度为 0.1～0.5℃，与平衡法一样，无法精确测定出此温度下溶液的溶解度。虽然浓度涡流法无法精确测定出此饱和温度下的溶解度，但可精确测出溶液饱和温度，因此广泛应用于溶液法晶体生长中测定下籽晶时的溶液饱和温度。

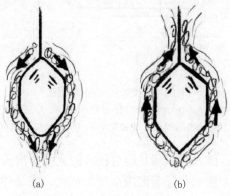

(a)　　　　　　　　(b)

图 3-2　浓度涡流法：（a）溶解的涡流；（b）生长的涡流

3. 光学效应法：纹影法、狭缝光源法[2]

当晶体处于与它不平衡的母液中时，在固-液界面有一薄层溶液，当晶体溶解和生长时，溶质的扩散和输入都通过这一薄层进行，将该薄层称为扩散层，扩散层与母液存在浓度梯度。当溶液接近饱和温度时，扩散层的浓度梯度慢慢趋于消失，溶液一旦到达饱和温度时，扩散层消失。由于扩散层存在浓度梯度，当光束通过这一区域时，溶液的折射率因浓度梯度而发生不同的折射偏差。光学效应法基于此原理，采用纹影法和狭缝光源法测定溶液的饱和温度。

（1）纹影法：图 3-3 示出纹影法测量溶液饱和温度的装置示意图。当一束单色光 S 通过透镜 L_1 聚焦至可调孔径的光阑 R_1 即透镜 L_2 的焦点上，光束经透镜 L_2 变成平行光照射在待测的不均匀透明介质上，经过透镜 L_3 成像于焦点 S′，在焦点 S′ 处放置一锐边遮光板，挡住光源的成像 S′，因此此时在白色的屏幕 FS 上出现黑色的背景。如果在 SS′ 之间存在不均匀光学区域 A，则光线发生偏折，从 R_2 遮光板的锐边旁的屏幕上出现其像 A′。这种偏折方向与不均匀区域的折射率梯度方向有关，并且能反射折射率差别很小的不均匀区域。那么，在光路中，待测晶体附近的不均匀扩散层可以在屏幕上清楚地显示出来。在不饱和溶液中，由于存在折射率梯度，扩散层的像出现在 R_2 遮光板的锐边旁的 A′ 上。当溶液达到饱和时，扩散层消失，屏幕上无成像出现。这种方法的精确度可到 0.05℃。

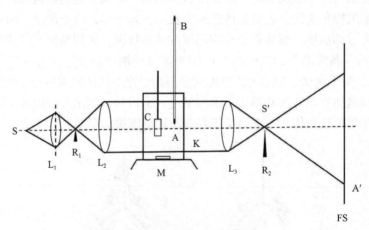

图 3-3　纹影法实验装置图

S、S′. 光源；L_1、L_2、L_3. 长焦距消色差透镜；R_1. 可调的孔径光阑；A、A′. 不均匀光学区域；B. 温度计；C. 晶体；K. 待测晶体生长槽；M. 电磁搅拌器；R_2. 遮光板；FS. 平板屏幕

（2）狭缝光源法：该方法原理是经过狭缝的光线与溶液中待测晶体的一个晶面成一夹角，如图 3-4 所示。随着溶液浓度的变化，在晶体扩散层存在不均匀的区域，光线与晶面的交界处会发生不同的偏折现象。当溶液处于不饱和状态时，

明亮的狭缝光在晶面交界处弯曲成钝角[图 3-4（a）]，当溶液处于过饱和状态时，则反方向折成锐角[图 3-4（c）]。随着溶液接近饱和状态，狭缝光的弯曲部分逐渐缩短，当溶液达到饱和状态时，狭缝光在晶面交界处不发生弯曲[图 3-4（b）]。狭缝光源法测定的饱和溶液温度的精确度也可达到 0.05℃。

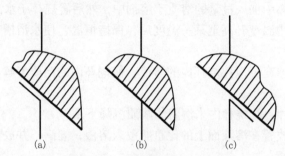

（a）　　　　　　　　　（b）　　　　　　　　　（c）

图 3-4　狭缝法实验示意图

（a）不饱和溶液；（b）饱和溶液；（c）过饱和溶液

光学效应法测定溶液饱和温度虽然方法简单，但需要高度的实验技巧和精确度。

4. 平衡温度称重法[3]

上述这些方法都存在不少问题，因此亟待开发一种更简便、灵敏、可靠的方法来测定溶液饱和温度。1977 年，我们在研究软 X 射线分光晶体马来酸氢十八酯（OHM）晶体生长时，发明了一种简便的平衡温度称重法测定溶液饱和温度和溶解度的方法[3]，其主要原理是在平衡温度下，采用比重瓶测量比重瓶单位体积内溶质的含量。实验装置如图 3-5 所示，实验装置主要由温度控制器、水浴槽、搅

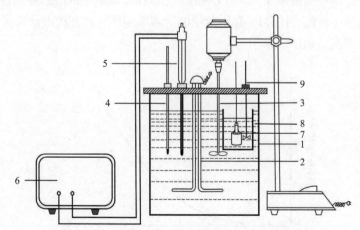

图 3-5　平衡温度称重法测定溶解度曲线的实验装置

1. 水浴槽；2. 电热丝；3. 搅拌器；4. 贝克曼温度计；5. 控温温度计；6. 温度控制器；

7. 比重瓶；8. 大烧杯；9. 搅拌器

拌器、贝克曼（Beckmann）温度计和比重瓶组成。测量温度采用贝克曼温度计，贝克曼温度计的最小刻度为 0.01℃，可以估计到 0.002℃，具有非常高的温度精确度，可以满足测定溶液溶解度和饱和温度的要求。

平衡温度称重法测定溶解度的步骤如下：

（1）在大烧杯中加入过量的溶质于溶剂中，然后置烧杯于水浴槽中；

（2）将水浴槽温度升高至某一温度后，保持恒温，使水浴槽与烧杯内的溶液温度保持平衡；

（3）用搅拌器充分搅拌烧杯内的溶液，使烧杯内的溶质溶解，使溶液达到饱和状态；

（4）停止搅拌，让烧杯内未溶解的溶质沉降下来；

（5）将预先放置在溶液面上的比重瓶浸入溶液，灌满，并放置几分钟，使比重瓶内外温度平衡；

（6）读取此时贝克曼温度计的温度，所得的温度即溶液的饱和温度；

（7）取出比重瓶，插上比重瓶塞，擦净比重瓶外的溶液，将比重瓶置于烘箱内烘干，使溶剂挥发掉；

（8）烘干后的比重瓶经分析天平称量，减去比重瓶本身的质量，所得的质量即溶质在单位体积内（比重瓶体积）的质量，即可计算出溶质在此饱和温度下的溶解度；

（9）水浴槽继续升温至某一温度，恒温，重复上述步骤，再测量出另一温度下的溶解度。

以溶液的溶解度和饱和温度作图，得到一条溶解度曲线，图 3-6 示出平衡温度称重法测定的马来酸氢十八酯（OHM）晶体在苯溶剂中的溶解度曲线，图 3-7 示出马来酸氢十六酯（HHM）在甲苯中的溶解度曲线，此方法因设备简单、方法简便和精确度高已被广泛采用。

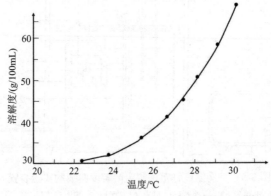

图 3-6　OHM 晶体在苯溶剂中的溶解度曲线[3]

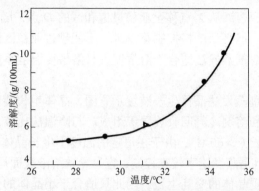

图 3-7　HHM 晶体在甲苯溶剂中的溶解度曲线[4]

3.2　水溶液法晶体生长的基本原理和方法

水溶液法晶体生长基本原理是将原料（溶质）溶解于溶剂中，采取适当的措施使溶液处于过饱和状态，进而从中生长出晶体。过饱和状态是晶体生长的先决条件，只有过饱和溶液才能形成晶核并逐渐长大。我们可以根据晶体的溶解度与溶解度温度系数，采用不同的方法生长晶体，水溶液法晶体生长包括降温法、溶剂蒸发法、温差法（流动法）、薄层溶剂浮区法、助熔剂反应法等，本节着重介绍溶剂蒸发法、温差法和降温法。

3.2.1　溶剂蒸发法

溶剂蒸发法的原理是基于在恒温下将溶剂不断地蒸发溢出，使溶液处于过饱和状态，并通过控制蒸发量多少控制过饱和度大小，使晶体生长有足够驱动力，从而使晶体从溶液中生长出来。其生长过程如图 3-8 所示，当稳定的溶液处于 X

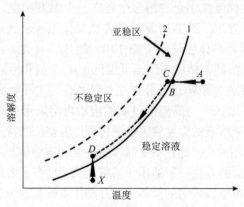

图 3-8　溶液在不同稳定性区域的溶解度曲线

点，经过溶剂蒸发，溶液从 X 点移至亚稳过饱和区的 D 点，随着溶剂不断蒸发，晶体随之生长出来。但必须严格控制蒸发量，不能越过亚稳区限制，否则将发生大量的自发成核。溶剂蒸发法适合于溶解度大且溶解度温度系数小或具有负温度系数的材料的生长。

图 3-9 示出溶剂蒸发法晶体生长装置示意图，晶体生长装置主要由自动控制加热器、转晶电机和溶剂冷凝回收装置等组成。与降温法比较，溶剂蒸发法适合于较高的温度下生长（>60℃），由于在恒定的温度下生长晶体，得到的晶体成分均匀，热应力小。但是蒸发速率较难控制，容易导致溶液表面局部的高过饱和度，产生自发成核，出现晶体的交互生长，因此只适合于小晶体的生长，溶剂蒸发法由于设备和方法简便，在实验室常应用于小晶体的制备[5,6]。

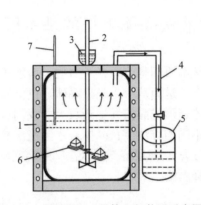

图 3-9　溶剂蒸发法晶体生长装置示意图

1. 电阻炉；2. 载晶架；3. 转动密封装置；4. 冷凝管；5. 溶剂回收器；6. 晶体；7. 控温温度计

3.2.2　温差法

温差法（即温度梯度法）是在溶液中建立一个温度梯度，从高温区向低温区输送溶质的一种生长方法。图 3-10 示出温差法晶体生长装置示意图。整个装置由溶液配制、过热处理和晶体生长三个操作单元组成。首先，溶液在高温区（A）将溶质溶解形成饱和溶液，然后对流至低温区（B），饱和溶液在低温区形成过饱和溶液，过饱和溶液通过泵输送至晶体生长区（C）进行生长，生长区的溶液浓度降低后再对流至高温区，与高温区过剩的溶质再溶解形成新的饱和溶液，这样的过程周而复始，构成溶液的温度梯度输送过程。温差法的特点是在晶体生长过程中溶液是不断循环使用的，因此它不受晶体溶解度和溶液体积限制，可以进行大批量生产和大单晶生长。温差法一般适用于溶解度大、具有正溶解度温度系数材料的生长，生长速率快，可生长较大的晶体。而且晶体生长是在恒温下进行的，生长的晶体均匀性好。但是设备复杂，温度梯度和溶液的流量调节不好控制。

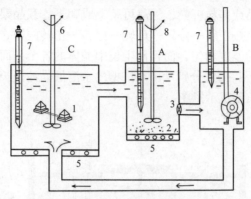

图 3-10　温差法晶体生长装置示意图

1. 晶体；2. 原料；3. 过滤器；4. 泵；5. 加热器；6. 载晶架；7. 控温温度计；8. 搅拌器

3.2.3　降温法

1. 降温法的基本原理和装置

降温法的基本原理是利用晶体的较大正溶解度温度系数，在晶体生长过程中逐渐降低溶液的温度，并保持溶液的总量不变，使溶液始终处于过饱和状态，析出的溶质不断地在晶体上生长。图 3-8 示出溶液在不同稳定性区域的溶解度曲线，曲线 1 是物质在溶液中溶解度曲线，在曲线 1 下方的区域溶液是不饱和的，为稳定溶液，不能生长出晶体。在曲线 1 和曲线 2 之间的区域是过饱和区，溶液处于过饱和状态，但不会发生自发结晶，若引入外来颗粒（包括籽晶），晶体就围绕着它生长，故此区域称为亚稳区。在曲线 2 以上的溶液也是处于过饱和状态的，它的过饱和度比亚稳区溶液的过饱和度大，会产生自发结晶，故此区域称为不稳定区。稳定溶液处于 A 点时，晶体生长沿虚线 ABCD 进行，当溶液温度从 A 点冷却至亚稳区域的 C 点时，溶液从稳定溶液转变为亚稳过饱和溶液，在 C 点相对于 B 点是过饱和的，进一步冷却，并保持一定过饱和度，析出的溶质在籽晶上生长，随着温度进一步冷却，过饱和溶液从 C 点移动至 D 点，晶体不断长大。但必须严格控制降温速率，不能越过亚稳区限制，否则将发生大量的自发结晶。

降温法晶体生长装置主要由育晶槽、载晶架和温度控制仪组成。在降温法晶体生长过程中无需补充溶液或溶质，但需要防止溶液的挥发和外界的污染，因此育晶槽需要严格密封。大容量的育晶槽有利于提高温度的稳定性，育晶槽的加热保温方式有水浴槽或内部加热、外壳加保温套等方式。为了防止溶液表面和底部自发成核，育晶槽顶部经常保持有冷凝水回流装置并在底部加热，使溶液表面和底部有一不饱和溶液层保护。

载晶架起到固定籽晶的作用，根据晶体的习性和所需晶体的尺寸要求，载晶架上可固定一粒籽晶或多粒籽晶，籽晶可朝上或朝下。载晶架与转动系统连接，载晶架的转动通常是按正转—停转—反转—停转—正转的方式定时换向，这样不但可以使溶液内部的温度均匀，而且使生长中晶体的各个晶面能够得到均匀的溶质供应。图 3-11 和图 3-12 分别示出双浴槽的水溶液晶体生长装置和内部直接加热的水溶液晶体生长装置示意图。

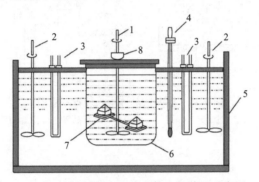

图 3-11　双浴槽的水溶液晶体生长装置示意图

1. 载晶架；2. 搅拌器；3. 加热器；4. 控温温度计；5. 水浴槽；6. 玻璃育晶槽；7. 晶体；8. 转动密封装置

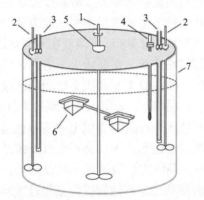

图 3-12　内部直接加热的水溶液晶体生长装置示意图

1. 载晶架；2. 搅拌器；3. 加热器；4. 控温温度计；5. 转动密封装置；6. 晶体；7. 育晶槽

降温法晶体生长对温度控制精度要求高，溶液的温度波动一般要求在 ±0.05℃ 以内，除了育晶槽本身的结构外，主要取决于控温装置，目前市场上控温设备可实现控温精度到 ±0.005℃，可满足要求。因此晶体生长的关键是采用合适的降温速率，使溶液始终处于亚稳区内，并维持一定的过饱和度。目前降温法是水溶液晶体生长中最重要和广泛应用的一种方法。

2. 降温法水溶液晶体生长工艺过程

降温法水溶液晶体生长的基本工艺包括以下几方面。

1）准备阶段

溶剂的选择：水是从溶液中生长晶体最常用的溶剂，除此之外，还可根据材料的特性使用其他溶剂，如重水、甲苯、二甲苯等。水是一种理想的溶剂，水的溶解能力强，能溶解许多无机和有机盐类，稳定性好、黏度低、对环境无害，而且易于提纯，在水溶液晶体生长中一般都是使用蒸馏水或去离子水。选择溶剂时，一般需要从以下几方面，综合考虑材料的特性和溶剂的性质，选取理想的溶剂。

（1）对溶质要有足够的溶解度，一般要求在 10%～60%。

（2）合适的溶解度温度系数，溶剂对溶质理想的是具有正的溶解度温度系数，但不能过大，以利于控制温度降温速率。

（3）低的蒸气压，以利于饱和溶剂的稳定性。

（4）溶剂的黏度要低，以利于溶质的扩散和输送。

（5）化学性能要稳定，不分解、不氧化、不与溶质发生化学反应。

（6）环境友好、无毒或毒性小的有机溶剂。

溶解度测量：在选择好溶剂后，测定该溶液体系的溶解度和溶解度曲线。

籽晶：初次培养一种新晶体时，将配制好的溶液通过"蒸发"或缓慢降温法，自发成核生长出小晶体，选取尺寸较大质量好的晶体作为籽晶。而后从已生长出的大晶体上，选取晶体无宏观缺陷的部分切出晶片作为籽晶。由于大多数晶体具有各向异性，籽晶的取向与晶体生长的尺寸和质量间有着密切联系。例如，尿素的外形如图 3-13 所示，如采用 Z 轴切向的籽晶，晶体生长速率快，但尿素在透明生长阶段，极易在（111）面出现间距不等的四方坑白纹和层状包藏[7]。为了控制尿素 Z 向生长，从（110）面解理出长条晶体作为籽晶，然后置于特制的不锈钢夹片晶架上（图 3-14），限制晶体向 Z 向生长，只能沿着（110）面生长，生长高质量大尺寸 44 mm × 36 mm × 68 mm 的尿素晶体（图 3-15）[7]。

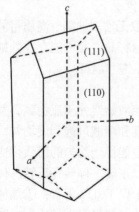

图 3-13 尿素晶体的外形[7]

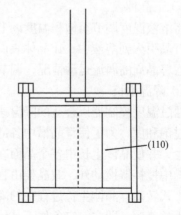

图 3-14 供（110）面生长的载晶架[7]

图 3-15　限制 Z 向生长的尿素大单晶[7]

　　磷酸二氢钾（KDP）晶体生长通常采用垂直于 Z 轴[001]方向切的 KDP 籽晶，由于在晶体生长初期需要"成锥"（成型或恢复）过程，靠近"成锥"附近的晶体质量较差，严重影响晶体的利用率。为了在原有的生长方法上进一步提高 KDP 晶体作为二倍频、三倍频晶体元件的利用率，改用常规 Z 切[001]方向籽晶为 $Z\,45°$ 切[101]方向的籽晶，由于 $Z\,45°$ 切籽晶的切面是晶体的生长面，无需经过"成锥"过程，直接生长出透明可用的晶体，如生长出 230 mm × 250 mm 的优质 KDP 晶体。而且 $Z\,45°$ 籽晶的角度与倍频晶体的匹配角相近，与传统 Z 轴[001]方向籽晶生长出的 KDP 晶体相比较，晶体的利用率可提高到 3 倍以上[8]。

　　2）溶液的配制

　　按所需生长材料的溶解度和溶解度曲线配制溶液，将溶液升温至饱和温度以上，进行过热处理，使溶质得到完全充分的溶解。配制好的饱和溶液在一定的温度下，采用微米级以下孔径的过滤器抽滤，消除溶液中的不溶性微颗粒。

　　3）下晶种

　　将溶液温度调节至饱和温度以上 2～3℃，选取无宏观缺陷、高质量的小晶体作为籽晶引入到溶液中，让晶体表面微溶，以消除籽晶表面可能存在的缺陷，然后观察籽晶周围涡流运动情况，调节溶液的温度至饱和温度。

　　4）降温生长

　　通过温度控制器以合适的降温速率降温，使溶液始终处于亚稳区，并保持一定的过饱和度。为了使育晶槽中各部位的溶液温度和溶液过饱和度均匀，防止杂晶产生，并使晶体生长中各个晶面在过饱和溶液中能得到均匀的溶质供应，除了育晶槽中搅拌器搅动外，载晶架由程序控制通常以正转—停转—反转—停转—正转的方式转动。晶体生长过程中的降温速率取决于以下几个因素：①晶体的最大透明生长速率，即在一定条件下晶体不产生宏观缺陷的最大生长速率；②溶质溶解度的温度系数；③溶液的体积 V 与晶体生长表面积 S 的体面比。

通常，在晶体生长初期采用较慢的降温速率，在生长后期可稍提高降温速率。

3.3　影响水溶液晶体生长的主要因素

晶体是在一定的介质环境中生长的，介质对晶体的外形、完整性和光学质量有很大的影响，在水溶液晶体生长中，影响晶体生长质量的主要因素有杂质、pH和过饱和度等。

3.3.1　杂质的影响

晶体生长溶液中的杂质指的是与结晶物质无关的少量其他外来物质，杂质是影响晶体习性、生长速率和晶体质量的主要因素之一。杂质有物理性杂质和化学性杂质，物理性杂质指的是不溶性微颗粒，化学性杂质指的是溶液中高价金属阳离子和其他阴离子。杂质离子主要以两种方式进入晶体：①进入晶体晶格中；②选择性吸附在一定的晶面上。这些金属离子不仅影响晶体生长习性，还影响晶体的光学质量。但有时杂质离子具有两面性。例如，一般认为 Cr^{3+}、Fe^{3+} 和 Al^{3+} 等杂质离子会影响 KDP 晶体生长习性，它们易于在柱面上发生选择性吸附，使柱面楔化，但在传统 KDP 晶体生长方法中可作为柱面扩展的抑制剂加以利用[9,10]，也可提高准稳区的宽度[11]。Fe^{3+} 在一定的浓度范围内，既可以增加生长溶液的稳定性，又可以有效抑制晶体柱面的扩展[12]。但后来进一步的研究表明，杂质 Fe^{3+} 对 KDP 晶体光学质量有较大的影响，三价金属离子 Fe^{3+} 会降低 KDP 晶体的透光率，同时对晶体均匀性和光损伤阈值也有明显影响，光损伤阈值降低的主要原因在于杂质诱发缺陷导致的电子崩电离、多光子电离（尤其是双光子电离）等物理化学过程的发生，从而出现局部熔化、炸裂状破坏[13]。为尽可能地减少溶液中的杂质，可以通过溶液的抽滤去除溶液中的不溶性微颗粒，采用试剂级原料、重结晶、蒸馏水和去离子水等方式提高溶液的纯度和减少杂质。

3.3.2　pH 的影响

由于水溶液中存在大量的 H^+ 和 OH^-，溶液的 pH 对晶体生长有显著的影响，主要有以下几方面：

（1）pH 直接影响了晶体生长速率和改变各晶面相对生长速率。pH 对晶体生长的影响很早即被人们发现，Rashkovich 和 Moldazhanova[14]研究发现 KDP 溶液 pH 的增大或减小，都会改变 KDP 晶体（100）面生长速率。例如，在40℃时，在不同 pH 和过饱和度下 ADP 晶体（100）面生长速率是不同的，如图 3-16 所示，在同一过饱和度下，高 pH（100）晶面的生长速率明显更快[15]。

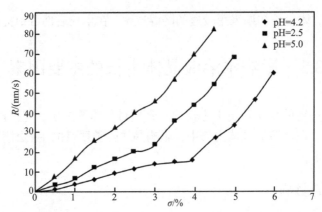

图 3-16　不同 pH 下 ADP 晶体（100）面生长速率随过饱和度（σ）的变化[15]

（2）pH 改变溶液中杂质的活性，溶液中 OH^- 与溶液中阳离子形成氢氧化物-水的络合物，被晶面吸附，改变晶体的成核机制和各晶面的生长速率，这些氢氧化物-水的络合物进入到晶体中也能影响到晶体的光学质量。图 3-17 示出在不同条件下 KDP 晶体中散射颗粒的透射电子显微镜（TEM）图[16]，从图中可见，pH 对 KDP 晶体的散射颗粒具有十分显著的影响，在生长溶液 pH 为 2.0 左右时，生长的 KDP 晶体中散射颗粒很细。随着 pH 的升高，散射颗粒的密度明显降低，可以观察到较大尺寸的散射颗粒。这是由于在 KDP 晶体生长时 KDP 溶液中存在着三价金属离子 Fe^{3+}，在不同 pH 条件下，Fe^{3+} 与 H_2O 形成不同的络合物，溶液的 pH 较高时，溶液中 OH^- 浓度大大增加，形成 Fe^{3+}-氢氧化物-水的络合物。在高 pH 条件下，过量的 OH^- 容易与 Fe^{3+} 形成胶团，随着晶体生长胶团被包裹进入晶相形成大的散射颗粒[16]。

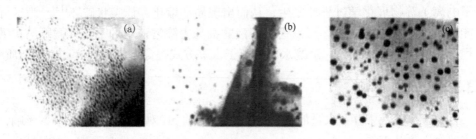

图 3-17　不同 pH 条件下 KDP 晶体中散射颗粒的 TEM 图
（a）pH = 2.0；（b）pH = 4.2；（c）pH = 5.5[16]

（3）pH 对溶液溶解度影响是多方面的，图 3-18 示出不同 pH 条件下溶液中 KH_2PO_4（KDP）的溶解度曲线[17]，KDP 溶解度随 pH 的升高而明显增大，这是由于调高 pH 的过程中，溶液中 OH^- 与 $H_2PO_4^-$ 发生了反应：

$$H_2PO_4^- + OH^- \Longrightarrow HPO_4^{2-} + H_2O \tag{3-3}$$

使得溶液中的 $H_2PO_4^-$ 浓度降低，溶解度增大[17]。而 pH 对丁二酸锌[$Zn(C_4H_4O_4)$]水溶液溶解度的影响与 KDP 溶液的溶解度相反，随着溶液 pH 降低，丁二酸锌溶解度却明显增大，如图 3-19 所示。这是由于在溶液中存在以下化学浓度平衡[18]：

$$H_2A \Longrightarrow A^{2-} + 2H^+ \tag{3-4}$$

$$Zn^{2+} + A^{2-} \Longrightarrow ZnA \tag{3-5}$$

式中，A 为丁二酸根离子，当溶液酸度调低时，溶液中 H^+ 浓度减小，则式（3-5）的平衡向右移，$Zn(C_4H_4O_4)$ 浓度增大。由于 $Zn(C_4H_4O_4)$ 的溶解度温度系数很小，达到饱和后容易从溶液中析出，从而降低了丁二酸锌的溶解度。

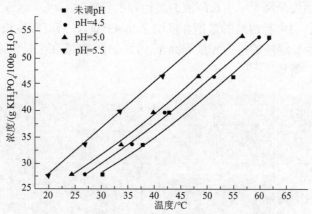

图 3-18　不同 pH 溶液中 KH_2PO_4 的溶解度曲线[17]

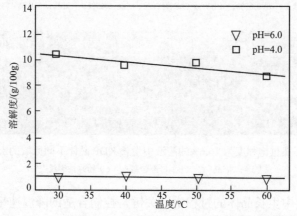

图 3-19　不同 pH 下丁二酸锌晶体在水中的溶解度曲线[18]

3.3.3　过饱和度的影响

　　溶液的过饱和度是影响晶体生长速率的重要因素,提高生长溶液的过饱和度,从而增大晶体生长的驱动力,是提高晶体生长速率的简单有效的办法。但增大溶液的过饱和度,会使晶体生长溶液的不稳定性增加,这可能会对晶体的生长和光学性能带来不利影响。朱胜军等[19]研究了过饱和度对 KDP 晶体生长溶液的稳定性、生长速率和晶体生长缺陷的影响。KDP 晶体可以在过饱和度 $\sigma>3\%$ 的溶液中实现快速生长(约 6 mm/d),当过饱和度 σ 为 6.49% 和 10.6% 时生长速率大于 10 mm/d。在相对较低的过饱和度($\sigma\leqslant6.49\%$)溶液中生长晶体时,生长的晶体均是完全透明、无宏观缺陷,如图 3-20(a)和(c)所示。但当溶液的过饱和度增至 10.6% 时,此时生长的晶体[图 3-20(d)]产生"添晶"、母液包藏和粉碎性裂纹等宏观缺陷(图 3-21)。在晶体生长过程中,KDP 晶体生长溶液的稳定性随过饱和度的增加而逐渐降低。生长溶液的过饱和度较低时($\sigma\leqslant3.84\%$),生长过程中均无杂晶出现。当生长溶液的过饱和度增至 6.49% 时,溶液在生长的后期出现了少量杂晶。当生长溶液的过饱和度提高至 10.6% 时,溶液在生长中期就出现杂晶,随后溶液发生"雪崩"[19]。

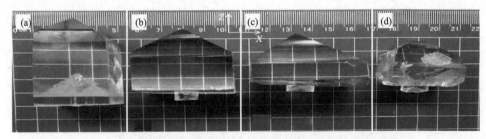

图 3-20　在不同过饱和度(σ)的溶液中生长出的 KDP 晶体
(a)σ=0.63%;(b)σ=3.84%;(c)σ=6.49%;(d)σ=10.6%[19]

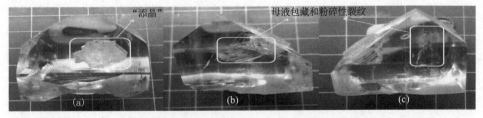

图 3-21　在过饱和度为 10.6% 的溶液中生长 KDP 晶体不同区域的宏观缺陷
(a)"添晶";(b)母液包藏;(c)粉碎性裂纹[19]

　　因此从溶液中生长晶体的过程中,关键是控制合适的降温速率,使溶液始终处于亚稳区,并维持合适的过饱和度。因此需要综合考虑不同生长阶段的溶液过饱和度，一般来说，在晶体生长初期阶段采用较低的降温速率，到了生长后期可适当提高降温速率。

水溶液法晶体生长特点：水溶液法晶体生长可以在远低于晶体的熔点下生长，便于观察，溶液的黏度低，易于溶质的输送，可生长出大体积和外形规则的晶体。由于在低温下生长，生长出晶体的热应力小，光学均匀性好。但溶液中组分多，影响生长因素复杂，晶体生长周期长，对温度可容许的波动小，因此对控温精度要求高。

参 考 文 献

[1] 张克从, 张乐溎. 晶体生长科学和技术[M]. 北京: 科学出版社, 1997.

[2] Dauncey L A, Still J E. An apparatus for the direct measurement of the saturation temperatures of solution[J]. J Appl Chem, 1957, 2: 399-404.

[3] 王国富. 软 X 射线分光晶体马来酸氢十八酯的生长研究[D]. 福州: 福州大学, 1977.

[4] 潘建国, 关铁堂. 软 X 射线分光晶体马来酸氢十六酯[J]. 人工晶体学报, 1999, 28: 164-167.

[5] 崔玉杰, 潘建国, 杨书颖, 等. 超快闪烁晶体碘化亚铜的生长研究[J]. 人工晶体学报, 2010, 39: 1109-1113.

[6] 张蕾, 刘小林, 郝书童, 等. Cl 掺杂 γ-CuI 晶体生长及闪烁性能的研究[J]. 人工晶体学报, 2019, 48: 1405-1411.

[7] 黄炳荣, 贺友平, 苏根博, 等. 尿素晶体生长研究[J]. 人工晶体, 1986, 15: 85-89.

[8] 曾金波, 吴德祥, 林秀钦, 等. 采用 Z 45° 切籽晶研究大尺寸 KDP 晶体[J]. 人工晶体学报, 1997, 23: 255.

[9] Belouet C, Dunia E, Petroff J F. X-ray topographic study of defects in KH_2PO_4 single crystals and their relation with impurity segregation[J]. J Cryst Growth, 1974, 23: 243-252.

[10] Rashkovich L N, Kronshgy N V. Influence of Fe^{3+} and Al^{3+} ions on the kinetics of steps on the {100}faces of KDP[J]. J Cryst Growth, 1997, 182: 434-441.

[11] Shimomura O, Suzuki M. The increase of temperature range in the region of supersaturation of KDP solution by addition of impurity[J]. J Cryst Growth, 1989, 98: 850-852.

[12] 王波, 王圣来, 房昌水, 等. Fe^{3+}对 KDP 晶体生长影响的研究[J]. 人工晶体学报, 2005, 34: 205-208.

[13] 孙洵, 张艳珍, 徐明霞, 等. Fe^{3+}对 KDP 晶体光学质量的影响[J]. 人工晶体学报, 2007, 36: 1240-1244.

[14] Rashkovich L N, Moldazhanova G T. Growth kinetics and morphology of potassium dihydrogen phosphate crystals faces in solutions of varying acidity[J]. J Cryst Growth, 1995, 151: 145-152.

[15] 郭晋丽, 李明伟, 程旻, 等. pH 值对 ADP 晶体(100)面生长的影响[J]. 功能材料, 2010, 11: 1883-1887.

[16] 孙洵, 李云南, 顾庆天, 等. pH 值对 KDP 晶体中散射颗粒的影响[J]. 强激光与粒子束, 2003, 15: 212-214.

[17] 钟德高, 滕冰, 张国辉, 等. pH 值对 KDP 晶体溶解度和溶液稳定性的影响[J]. 人工晶体学报, 2006, 35: 1209-1213.

[18] 张公军, 刘晓利, 李月宝, 等. 非线性光学晶体丁二酸锌的生长研究[J]. 人工晶体学报, 2008, 37: 1484-1488.

[19] 朱胜军, 王圣来, 丁建旭, 等. 过饱和度对 KDP 晶体生长与光学性能的影响研究[J]. 人工晶体学报, 2013, 42: 1973-1977.

第4章　助熔剂法晶体生长技术

4.1　引　　言[1-8]

什么是助熔剂？助熔剂（flux）泛指各种可以降低物质熔点的物质，助熔剂常应用在冶金学和晶体生长技术中。在冶金学中，其主要作用是与矿物中的杂质结合成渣而与金属分离，以达到熔炼或精炼的目的，也可使金属在较低的温度下进行冶炼、焊接等工作。在晶体生长中，其主要作用是使高熔点或具有高蒸气压的化合物在较低温度下生长，也可使具有相变的化合物在其相变温度以下生长。

助熔剂法是借助于助熔剂从高温熔液中制取人工单晶的一种方法。它是将高熔点物料溶解于低熔点助熔剂中，形成均匀的高温熔液，然后通过缓慢降温或恒定温度蒸发溶剂等方法形成过饱和溶液，使晶体析出。助熔剂通常为无机盐类化合物，因此又称为熔盐法，助熔剂法生长晶体已有一百多年的历史，据报道早在1848年就有人进行用助熔剂法合成祖母绿的实验，1900年有人用14天的时间，生长出小于 1 mm 的合成祖母绿晶体。此后，人们通过不断改进合成技术，终于在1940年获得了可投放市场的商品级合成祖母绿，稍后，法国的吉尔森公司等也相继推出用此法合成的祖母绿[1,2]。

到了 20 世纪 50 年代，生产和科学技术的发展推动了助熔剂法晶体生长的进一步发展。1954 年 Remeika 从 PbO 中生长出 $BaTiO_3$ 晶体[3]，1958 年 Nielsen 等从 PbO 中生长出 YAG 晶体[4]。到了 60 年代助熔剂法广泛地应用于新材料的探索，如生长小晶体样品，此后助熔剂法晶体生长机理研究也开始引起人们的兴趣和关注[5-8]。科学技术突飞猛进地发展，对晶体的尺寸提出了更高的要求，同时也更进一步推动了助熔剂法晶体生长技术的发展，顶部籽晶技术应运而生。顶部籽晶技术的发明给助熔剂法带来了生机和活力，人们基于该技术生长出许多大块的、优质的有着极其重要应用的人工晶体材料，如 YIG、KTP、BBO、LBO 等，改变了长期以来人们认为助熔剂法不能生长出大块和优质晶体的看法，使这种方法重新得到关注和青睐。

4.2　助熔剂法晶体生长技术的基本原理和生长技术方法

4.2.1　助熔剂法晶体生长技术的基本原理

将晶体组成原料在高温下溶解于低熔点的助熔剂中，形成高温熔液，助熔剂法的晶体生长动力学过程与水溶液中的晶体生长相类似，高温熔液需要产生适当的过饱和度，通常采用缓慢冷却熔液或溶剂挥发等方法，产生过饱和度，随后自发成核，形成晶体生长中心，生长出大晶体。助熔剂法晶体生长通常分为无籽晶的自发成核法和采用籽晶的籽晶法。

4.2.2　自发成核法

1. 缓冷法

无论在自发成核晶体生长中还是在籽晶法晶体生长中，助熔剂缓冷法是获得过饱和度最为简便的方式，其装置如图 4-1 所示。通常将配制好的材料装在带盖或密闭的坩埚内，以防止溶剂的挥发。坩埚放置在高温晶体生长炉内，生长炉内要有一定的温度梯度，使坩埚底部的温度比顶部的温度低几摄氏度或十几摄氏度，以利于在坩埚底部成核。采用程序温度控制仪控制生长炉的温度，将生长炉的温度升高，高于饱和温度 10～30℃，使材料充分反应、完全熔化，恒温时间视助熔剂的溶解能力，一般为 10～24 h，随后将温度降至饱和温度，然后以 0.1～5℃/h 的降温速率降温，待温度到达预定的温度时，以 10～30℃/h 的快速降温速率将温度降至室温，结束晶体生长，获得许多小晶体。然后，将坩埚泡在水、酸或碱等

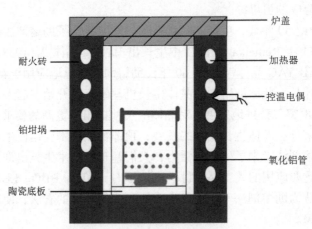

图 4-1　常见缓冷法晶体生长炉示意图

溶液中，溶解助熔剂，取出晶体。缓冷法的优点是容易获得许多小籽晶，缺点是无法控制晶体的成核数，且难以获得高质量的大晶体。现在缓冷法常用于新材料合成和获取生长用的小籽晶。

2. 溶剂挥发法

溶剂挥发法是通过高温下溶剂的挥发，使熔液形成过饱和状态，自发成核，生长出晶体。溶剂挥发法在恒温下生长，无需降温程序或温度控制设备，生长设备简单，但所需的助熔剂必须有足够高的挥发性，如 PbF_2、PbO 等。其缺点在于，由于助熔剂的挥发，熔液表面的饱和度大于底部的饱和度，结晶往往在液面进行，无法控制自发成核数，且生长的晶体质量差。除此之外，绝大多数助熔剂是有毒和有腐蚀性的，高温蒸气回收困难，对操作人员危害很大，并且污染环境。如果在晶体生长炉上方加一个抽风回收装置，对蒸气进行处理，可减少对人员的危害及环境的污染，其生长装置如图 4-2 所示。目前除了特殊需要，很少使用该方法。

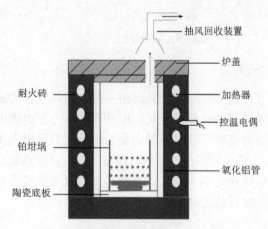

图 4-2　溶剂挥发法晶体生长炉示意图

4.2.3　籽晶法

该方法指的是在熔液中加入籽晶，让晶体生长在籽晶上进行，克服自发成核时晶核过多的缺点，以晶体生长工艺不同可分为以下几种。

1. 坩埚倒转法

将籽晶预先固定在密封球形坩埚的顶部，不与坩埚中熔液接触，待坩埚中原料完全熔化后，将温度降至饱和温度以下，将密封坩埚缓慢地倒转，使籽晶浸入熔液，继续缓慢降温开始生长，籽晶开始长大，待晶体生长结束，坩埚再缓慢地转回原位，晶体与熔液脱离，如图 4-3 所示。

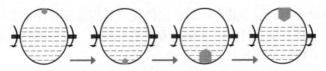

图 4-3　坩埚倒转法示意图

2. 坩埚倾斜法

将籽晶预先固定在舟形坩埚一端，不与坩埚中熔液接触，待坩埚中原料完全熔化，然后将温度降至饱和温度以下，将舟形坩埚缓慢地向反向倾斜，使籽晶浸入熔液，继续缓慢降温开始生长，籽晶开始长大，待晶体生长结束，坩埚再反向倾斜回原位，晶体与熔液脱离，如图 4-4 所示。

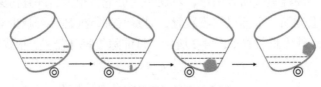

图 4-4　坩埚倾斜法示意图

3. 底部籽晶水冷法

为了克服自发成核过多的问题，发展出一种在坩埚底部加冷阱的方法，该方法也是采用自然缓慢降温进行晶体生长，但是不用事先在坩埚内植入籽晶。在坩埚底部安装一根细的冷却管，让其顶部尖头与坩埚底部形成点接触，在熔液降温之前先通水（或气），造成局部过冷，然后缓慢降温，在冷点处优先形成晶核，形成生长中心，结果如同在坩埚中植入一颗籽晶，故也可将底部水冷法归入籽晶法中。底部籽晶水冷法生长装置如图 4-5 所示。

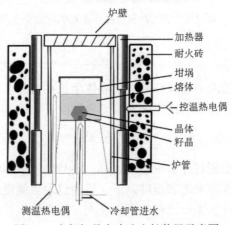

图 4-5　底部籽晶水冷法生长装置示意图

4. 顶部籽晶助熔剂生长法

无论是坩埚倒转法、坩埚倾斜法，还是底部籽晶水冷法，都无法精确控制熔液的饱和度，且无法观察晶体生长过程。后来发展出了顶部籽晶助熔剂生长法[TSSG（top seed solution growth）method]，它是助熔剂法生长技术最重大的发展。该技术将籽晶技术与助熔剂法巧妙结合，可以方便观察晶体生长过程，使高温熔液生长方法获得了新生。顶部籽晶助熔剂生长法克服了自发成核晶粒数目过多的缺点，同时由于籽晶旋转的搅拌作用，晶体生长较快，包裹缺陷减少，还可以一边旋转一边提拉，也可以只旋转不提拉。晶体生长结束时，将晶体提拉脱离熔液，可以完全避免助熔剂固化时加给晶体的热应力，而且剩余熔体可以再加溶质继续循环使用。现在顶部籽晶助熔剂生长法已经成为一种重要的工业化生长技术。例如，我国采用顶部籽晶助熔剂生长法生产的著名非线性光学晶体 β-BBO 和 LBO 晶体，已大量销往国内外市场。

1）基本设备

顶部籽晶助熔剂生长法晶体生长的装置主要由提拉转动系统、炉膛和控温仪组成，如图 4-6 所示。提拉转动系统用于控制籽晶杆的转动和升降，籽晶固定在籽晶杆上，籽晶杆与机械装置相连，可以控制籽晶杆的升降进而使籽晶接触或脱离液面。同时，机械装置带动籽晶杆转动，从而在晶体生长过程中，可以通过调控籽晶杆的转动速度以改善溶质和热量的传输，为晶体生长提供有利的条件。温度控制仪控制晶体生长炉的温度及升降温速率。晶体生长的生长过程是在竖直管式高温炉中进行，炉盖上可以开个观察口，便于观察晶体生长过程情况，发热元件为镍铬丝（或其他加热器），将其缠绕炉膛，加热温度最高可以达到1080℃（或更高温度），如图 4-7 所示。

图 4-6 可升降转动的顶部籽晶助熔剂生长法晶体生长炉

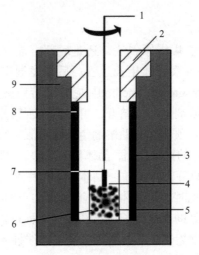

图 4-7　炉膛结构示意图

1. 籽晶杆；2. 炉盖；3. 镍-铬电阻丝；4. 籽晶；5. 坩埚；6. 熔体；7. 热电偶；8. 刚玉管炉膛；9. Al$_2$O$_3$泡沫砖

2）生长工艺过程

顶部籽晶助熔剂生长法生长晶体的一般过程：先将配制好的原料装入坩埚中，置于生长炉中后升温，在高于所估计的饱和温度 3～50℃的温度保温一段时间，让熔液完全且均匀熔融。用籽晶试晶法（seeding method）测出生长的饱和温度点。籽晶试晶法是将熔液在一定温度下平衡一段时间后，把一颗小籽晶缓慢地浸入熔液中，再保温一段时间后取出小籽晶，观察籽晶质量和籽晶表面的变化。如果籽晶表面熔化或籽晶消失，说明温度高于饱和温度，需继续降温，重新试晶。如果籽晶质量增加了或籽晶表面的棱角变锐了，说明温度过低了，需要将温度升高。经过反复试晶，直至小籽晶质量和籽晶表面在一段时间内无变化时，该温度即为生长饱和温度。测好饱和温度后，重新将熔液的温度升高，恒温一段时间让其充分溶解。然后将优质生长籽晶固定在籽晶杆的下端，缓慢地下降到液面上方，使其预热一段时间，待籽晶温度与熔液大体相等时，即可将籽晶降到坩埚中与液面接触。最后在晶体转动的情况下，将熔液缓慢降温，降温速率一般控制在2～5℃/d，在晶体生长过程中晶体以 5～15 r/min 的速率转动，在其他结晶相出现的温度之前，或在熔液固化前结束晶体生长，然后将晶体提离液面，以 10～30℃/h 的降温速率降温至室温，取出晶体。若无晶体作籽晶时，还可采用其他异质同构体的晶体（即晶体结构相同、晶胞常数相似、熔点相近）作籽晶。

在顶部籽晶助熔剂生长法的晶体生长系统中，建立合理的温场分布是生长高质量单晶的关键。图 4-8 示出炉膛的温场分布图，炉膛内部的温场分为三个部分，其中 AB 和 CD 段为温度梯度区，BC 段为恒温区，可以通过调节坩埚底座的高度来实现晶体在合适的温区中生长。这样设计温场的目的在于使熔液表面的温度略

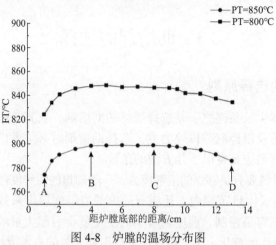

图 4-8　炉膛的温场分布图

低于熔液内的温度，从而避免在坩埚底部或坩埚壁自发成核，有利于实现在籽晶上的单核生长。

　　近年来，许多晶体生长研究工作者将助熔剂法和提拉法结合起来，形成一种改良的助熔剂提拉法（flux-Czochralski method），它克服了助熔剂法晶体生长速率缓慢的缺点，晶体生长较快，包裹缺陷减少。例如，在生长 $Ca_9Y(VO_4)_7$ 晶体时，加入 60mol% Li_3VO_4 作助熔剂，以 0.2 mm/h 的拉速和 15 r/min 的转速进行生长，成功地生长出尺寸为 ϕ18 mm × 20 mm 的晶体，如图 4-9 所示[9]。在生长 Nd: $CsLa(WO_4)_2$ 晶体时，加入 20mol% $CsWO_4$ 作为助熔剂，以 0.5 mm/h 的拉速和 20 r/min 的转速进行生长，成功地生长出尺寸为 ϕ18 mm × 30 mm 的晶体，如图 4-10 所示[10]。

图 4-9　助熔剂提拉法生长的
$Ca_9Y(VO_4)_7$ 晶体[9]

图 4-10　助熔剂提拉法生长的 Nd:
$CsLa(WO_4)_2$ 晶体[10]

4.3　助熔剂的选择

4.3.1　助熔剂的选择原则

助熔剂法晶体生长关键之一是选择适当的助熔剂，它直接影响晶体质量。目前助熔剂的选择还是以经验与试验为主，选择助熔剂时必须考虑助熔剂的物化特性，作为理想助熔剂应具备以下几方面的条件：

（1）对晶体材料要有足够强的溶解能力，一般理想的溶解度范围应在 10wt%～50wt%。同时在生长温度范围内，还应有适度的溶解度温度系数。当温度系数太大时，生长速率不容易控制，温度稍有小的变化就会引起大量的结晶物析出，这样不但造成生长速率的变化太大，而且还常会引起大量的自发成核，产生杂晶，不利于大块优质晶体的生长。而温度系数太小时，生长速率很慢，这也不是所希望的。

（2）应具有尽可能小的黏滞度，以利于溶质的扩散和能量的输运及结晶潜热的释放。这对于生长高完整度的晶体极为重要。

（3）应具有低的挥发性（蒸发法除外）、毒性和腐蚀性，避免对人体、坩埚和环境造成损害和污染。助熔剂的挥发会导致溶剂浓度的减小，从而引起体系过饱和度的增大，结果使生长速率难以控制，尤其是在黏滞度比较大的熔液中，挥发引起熔液表面局部过饱和度增大，导致表面大量的自发成核，不利于单晶的生长。同时助熔剂或多或少都有毒性，对人体有害，应尽量减少。

（4）在晶体生长的温度、压强等条件的范围内，所生成晶体是唯一的稳定相，这要求助熔剂与参与结晶的成分不要形成多种稳定的化合物，即最好形成简单的二元体系（图 4-11）。

（5）如果二者之间形成一种中间化合物，熔液具有较高的溶解度，如图 4-12 所示。

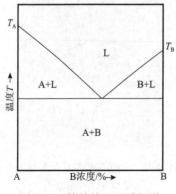

图 4-11　简单的二元系相图

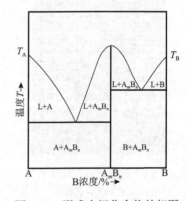

图 4-12　形成中间化合物的相图

（6）助熔剂在晶体中的固溶度应尽量小。为避免助熔剂作为杂质进入晶体，应选择那些与晶体不易形成固溶体的化合物作为助熔剂，避免助熔剂的离子以间隙式或替代式进入晶体的晶格或间隙。因此要选用不同价态的、离子半径大的元素的化合物，而不选用性质与晶体成分性质相似的化合物，避免形成固溶体，如 BBO-$Sr_2B_2O_4$ 的相图（图 4-13）[11]。

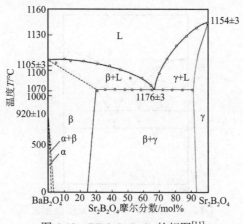

图 4-13　BBO-$Sr_2B_2O_4$ 的相图[11]

（7）为避免助熔剂作为杂质进入晶体，要尽量选用与晶体具有相同离子的助熔剂。

（8）应具有尽可能低的熔点和尽可能高的沸点，以便有较高的生长温度范围可供选择。

（9）助熔剂应对坩埚没有腐蚀性，否则会损坏坩埚。

（10）助熔剂要易溶于对晶体和坩埚无腐蚀作用的液体溶剂中，如水、酸或碱性溶液等，以便于生长结束时，晶体从凝固的助熔剂中容易地分离出来。

（11）在熔融状态时，其密度应尽量与结晶材料相近，否则上下浓度不易均一。

（12）实际应用中，很难找到一种能同时满足以上各种条件的助熔剂，往往采用复合助熔剂来尽可能满足这些条件。但是复合助熔剂的组分不宜太多，否则会引起熔液中的相关系复杂化。

总之，选择助熔剂最重要的是考虑助熔剂的溶解度、熔液的黏滞度和挥发性。

4.3.2　助熔剂和熔液的物理化学性能

理想的助熔剂应具有低的熔点、低的挥发性、低的黏滞度和高的溶解度，到目前为止，还没有一个可供参考的规律来选择助熔剂，主要凭借研究经验和他人研究成果。但可以根据所掌握的化合物的物理化学性能进行初步的筛选，最后由实验定出最佳入选者。

1. 熔点

助熔剂的熔点是选取助熔剂必须考虑的一个非常重要的因素。在满足其他条件下,一般常选用熔点低的物质作为助熔剂,选择低熔点的 B′ 作助熔剂与选择熔点较高的 B 相比较,显然选择低熔点的 B′ 作助熔剂可以得到较大的晶体生长温度范围,得到比较合适的溶解度温度系数,如图 4-14 所示。

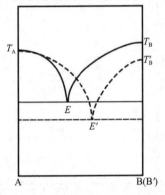

图 4-14　助熔剂熔点与生长温度范围关系

对复合助熔剂的成分比例,一般选取最低共溶点附近。这样的复合助熔剂的熔点较低,尤其对于高熔点组分的复合助熔剂尤为重要。例如,BaO 的熔点为 1923℃,但在含 22wt% B_2O_3 的 BaO-B_2O_3 体系中,BaO 和 B_2O_3 两者的最低共溶点就仅有 915℃,如图 4-15 所示[12]。这样的数据有些可以从相图中查到。我们可

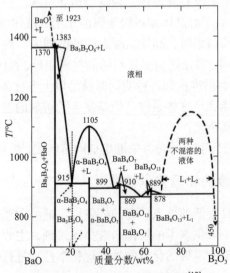

图 4-15　BaO-B_2O_3 二元系相图[12]

以利用美国陶瓷学会相图册（Phase Diagrams for the Ceramists the American Ceramic Society，1969）查找相关的资料，也可以利用差热分析和 X 射线物相分析来测定相关的相图（见 2.4 节）。

2. 挥发性

前面已说过，高温下熔液或多或少具有挥发性，而且这些助熔剂的挥发都具有不同程度的毒性和腐蚀性。而且在晶体生长过程中，助熔剂的挥发会造成熔液表面的过饱和度大于内部的过饱和度，促使熔液表面大量自发成核。另外，高挥发性助熔剂由于其挥发量难以控制，使生长工艺不稳定，难以重复（上述资料可在相关的物理化学手册中查找）。

对于高挥发性的熔液，适当增加少量的硼化物，可降低熔液的挥发性。由于硼化物具有 O—B—O 键，在熔液中形成网络结构液体，增加熔液的黏滞性，降低挥发性。在生长 YAB 系列晶体时，在助熔剂 $K_2Mo_3O_{10}$ 中加入 3wt%的 B_2O_3 后，大大降低了熔液的挥发性，生长出高质量的 YAB 和 GAB 晶体[13,14]。图 4-16 和图 4-17 示出 YAB 晶体和 GAB 晶体分别在 $K_2Mo_3O_{10}$ 助熔剂和 $K_2Mo_3O_{10}$/3wt% B_2O_3 复合助熔剂中的挥发曲线，显然，由 $K_2Mo_3O_{10}$/3wt% B_2O_3 作为复合助熔剂的熔液挥发性明显降低了。

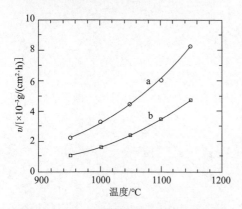

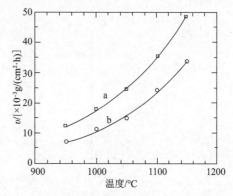

图 4-16　YAB 晶体在 $K_2Mo_3O_{10}$（a）和 $K_2Mo_3O_{10}$/3wt% B_2O_3（b）助熔剂中的挥发性

图 4-17　GAB 晶体在 $K_2Mo_3O_{10}$（a）和 $K_2Mo_3O_{10}$/3wt% B_2O_3（b）助熔剂中的挥发性

目前有关助熔剂挥发性的资料很少，一般来说，蒸气压高的物质，挥发性大。物质的挥发性可采用热重分析（TGA）技术加以测定。助熔剂体系的蒸发是一种气体的扩散过程，其蒸发速率 V 与温度 T 呈指数关系，可用气体扩散方程式 $V=V_0\exp(-U_0/KT)$ 来表示。

作者在研究 $Al_2(WO_4)_3$ 在不同助熔剂体系中的挥发动力学时，采用热重分析

研究等温条件下溶剂挥发动力学,采用一级动力学方程处理溶剂的挥发情况[15,16]:

$$\frac{\mathrm{d}C_t(t)}{\mathrm{d}t} = -kC_t(t) \tag{4-1}$$

式中,$C_t(t)$ 为溶剂挥发质量分数;k 为挥发速率常数。

在等温挥发条件下,积分得

$$C_t(t) = C_t(0)\exp(-kt) \tag{4-2}$$

当 $kt<1$ 时,熔液质量(M)相对变化 $\Delta M(t)/M(t)$ 与挥发时间成正比。

$$\frac{\Delta M(t)}{M(t)} \approx \frac{C_t(0)}{1-C_t(0)}kt = kt' \tag{4-3}$$

图 4-18 和图 4-19 示出采用热重法测定的在相同条件下,$Al_2(WO_4)_3$ 在不同助熔剂体系中熔液挥发量与时间的关系。在恒温条件下,相对挥发量与挥发时间成正比,挥发速率越快,直线的斜率 k' 越大。助熔剂挥发动力学研究结果与实验结果是比较一致的,斜率 k' 值小的助熔剂体系有助于生长出大尺寸和高质量的晶体。

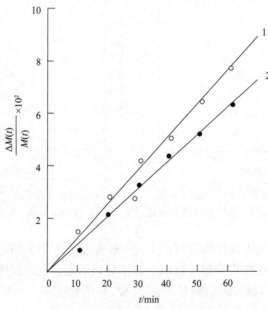

图 4-18　助熔剂体系的挥发关系[15]

1. $Al_2(WO_4)_3$-$BaWO_4$;2. $Al_2(WO_4)_3$-$SrWO_4$

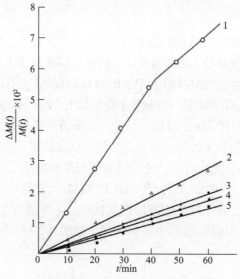

图 4-19　助熔剂体系的挥发关系[16]

1. Al₂(WO₄)₃-LiF；2. Al₂(WO₄)₃-K₂WO₄；3. Al₂(WO₄)₃-NaF；4. Al₂(WO₄)₃-Na₂MoO₄；5. Al₂(WO₄)₃-Li₂WO₄

3. 黏滞度

熔液的黏滞度是助熔剂生长晶体中三大重要参数之一。

黏滞度是流体对于流动所表现出的阻力的量度，即流体的内摩擦。熔液的黏滞度对结晶过程（成核、晶体生长）热量和溶质的传输、固-液边界层的厚度，晶体的排杂都有显著的影响。

黏滞度 η 定义为在流体内部单位面积内单位速度梯度的切应力，单位为 Pa·s，即 kg/（m·s）。熔液的黏滞度随着温度的升高而减小，对大多数的熔液来说存在以下关系式：

$$\eta = A\exp\left(-\frac{B}{T}\right) \tag{4-4}$$

式中，A、B 为常数；T 为热力学温度。以 $\ln\eta$ 对 $1/T$ 作图，得到直线关系。熔液的黏滞度可用黏度计来测量。

黏滞性与熔液的结构有关，具有网络结构的熔液其黏滞度很高，如 B_2O_3 在 450℃时 8.5 个分子键合在一起，黏度为 10^5 Pa·s，随着温度的升高，簇内分子减少，黏滞度也随之降低。经验上常采用添加剂来破坏硼氧之间的化学键，以降低熔液的黏滞度。如加入碱金属氧化物可使氧化硼形成 $Na_2B_2O_4$ 或 $K_2B_2O_4$，使得黏滞度成倍降低，在 1120℃时，只有两个 B_2O_3 键合在一起。此外，加入氟化物也可大大降低熔液的黏滞度。

4. 溶解度

在生长晶体时，研究者都希望助熔剂有较大的溶解能力，即大的溶解度，同时有合适的溶解度的温度系数。溶解度太小，析出的溶质总量太少，无法生长出大尺寸的晶体。例如，在生长 YAl$_3$(BO$_3$)$_4$ (YAB)和 GdAl$_3$(BO$_3$)$_4$ (GAB)晶体时，助熔剂 K$_2$Mo$_3$O$_{10}$ 浓度需要达到 70wt%～85wt%才能生长出 YAB 和 GAB 晶体，所以极难生长出大尺寸的 YAB 和 GAB 晶体。另外，如果溶解度的温度系数太小，熔液极不稳定，只要有很小的温度波动，就会有大量的结晶析出，生长速率不易控制。

对于溶解能力较小的助熔剂，通过添加适当的添加剂组成复合助熔剂，也可提高助熔剂的溶解能力。例如，在生长 YAB 和 GAB 等晶体时，在助熔剂 K$_2$Mo$_3$O$_{10}$中加入 3wt%的 B$_2$O$_3$，除了降低熔液的挥发性外，还可提高 YAB 和 GAB 晶体在 K$_2$Mo$_3$O$_{10}$/3wt% B$_2$O$_3$ 复合助熔剂中的溶解度，如图 4-20 和图 4-21 所示[13,14]。

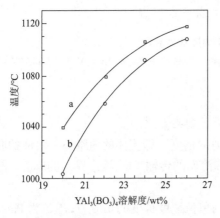

图 4-20　YAB 晶体在 K$_2$Mo$_3$O$_{10}$（a）和 K$_2$Mo$_3$O$_{10}$/3wt% B$_2$O$_3$（b）助熔剂中的溶解度[14]　　图 4-21　GAB 晶体在 K$_2$Mo$_3$O$_{10}$（a）和 K$_2$Mo$_3$O$_{10}$/3wt% B$_2$O$_3$（b）助熔剂中的溶解度[13]

高温熔液的溶解度曲线测定方法：在助熔剂法晶体生长时，如果没有现成的相图资料，如何获得晶体在助熔剂中的溶解度信息？除了重新测定一张晶体与助熔剂的相图外，还可以采用试晶法测定晶体在助熔剂中的溶解度曲线。2002 年，作者采用试晶法测定了 KY(WO$_4$)$_2$ 晶体在 95% K$_2$WO$_4$/5% KF 助熔剂中的溶解度[17]。试晶法测定晶体溶解度曲线的方法步骤如下：先配制加入适量助熔剂的试样，混合均匀后，置于坩埚内，升高生长炉的温度，将试样完全熔融，采用试晶法测出晶体在此浓度下的饱和温度。然后在坩埚内再加入一定比例的助熔剂，升温让试样重新熔融，再测出此浓度下的饱和温度。如此不断重复，随着坩埚内助熔剂含量增加，测出的饱和温度随之降低，就得到一条晶体饱和温度随助熔剂浓度变化的溶解度曲线。图 4-22、图 4-23 和图 4-24 分别示出采用试晶

法测定的 $KY(WO_4)_2$、$KLa(WO_4)_2$ 和 $KLu(WO_4)_2$ 晶体在 95% K_2WO_4/5% KF 助熔剂中的溶解度曲线[17-19]。

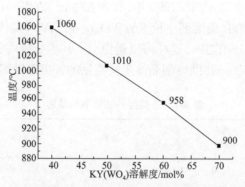

图 4-22　$KY(WO_4)_2$ 在 95% K_2WO_4/5% KF 助熔剂中的溶解度[17]

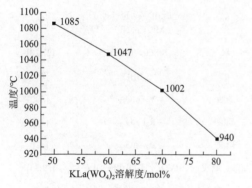

图 4-23　$KLa(WO_4)_2$ 在 K_2WO_4 助
熔剂中的溶解度[18]

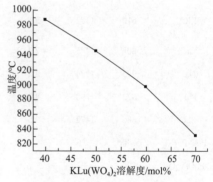

图 4-24　$KLu(WO_4)_2$ 在 K_2WO_4
助熔剂中的溶解度[19]

4.3.3　助熔剂的类型

（1）简单离子性盐类：如 NaCl、NaF 等，虽然它们有很强的溶解能力，但在高温下有强的挥发性。

（2）极性化合物：如 Bi_2O_3、PbO、PbF_2 等，它们有着很强的溶解能力，可以溶解许多氧化物，但熔液挥发强烈，而且污染环境。

（3）网络液体：如硼化物、硼酸盐等，它们有很强的溶解能力，但容易形成透明的玻璃状熔液，熔液的黏滞度大，不利于溶质的输送。

（4）一般的化合物：如钼酸盐、钨酸盐等。

（5）复合的化合物：如 PbO/PbF_2/B_2O_3、BaO/Bi_2O_3/Bi_2O_3 等，它们具有非常

强的溶解能力，几乎可以将大部分难溶的氧化物溶解掉。

（6）自助熔剂：即将所生长材料中的部分成分相作为助熔剂来生长晶体，可避免其他杂质离子引入晶体中。1992 年，作者在生长 $KY(WO_4)_2$: Er^{3+},Yb^{3+} 晶体时，首次采用 K_2WO_4 作为自助熔剂生长 $KY(WO_4)_2$: Er^{3+},Yb^{3+} 晶体，K_2WO_4 本身作为 $KY(WO_4)_2$ 晶体的成分相之一，这样可以避免引入其他杂质离子到 $KY(WO_4)_2$ 晶体中[20,21]。表 4-1 列出了一些助熔剂晶体生长常见的各类型助熔剂。

表 4-1 各类型的助熔剂与晶体

助熔剂	熔点 /℃	沸点 /℃	密度/ (g/cm³)	溶剂	晶体	参考文献
B_2O_3	450	1250	1.8	热水	$LiFeO_3$，$LaNbTiO_4$	[22,23]
$BaCl_2$	962	1189	3.9	水	$BaTiO_3$，$BaFe_{12}O_{19}$	[24]
BaO/B_2O_3	915		～4.6	盐酸、硝酸	YIG，YAG	[25]
LiCl	610	1382	2.1	水	$LiMPO_4$（M=Fe, Mn, Co, Ni）	[26]
NaCl	808	1465	2.2	水	$SrSO_4$，$BaSO_4$	[27,28]
NaF	995	1704	2.2	水	β-BBO	[29]
PbF_2	822	1290	8.2	硝酸	$Y_3Fe_5O_{12}$	[30]
PbO	886	1472	9.5	硝酸	$R_3Fe_3O_{12}$	[31]
PbO/PbF_2	～500		～9	硝酸	$R_3Al_3O_{15}$	[32]
$2PbO/V_2O_3$	720		～6	盐酸、硝酸	RVO_4^*，TiO_2，Fe_2O_3	[33,34]
$Na_2B_4O_7$	724	1575	2.4	水、硝酸	TiO_2，Fe_2O_3	[20]
Bi_2O_3/Na_2CO_3	817	1980	8.5	硝酸、碱	Fe_2O_3，$Bi_2Fe_4O_8$	[35]
$K_2Mo_3O_{10}/B_2O_3$				硝酸	$RX_3(BO_3)_4^*$	[13,14,36,37]
Li_2WO_4				硝酸	$Li_3Ba_2Y_3(WO_4)_8$ $Li_3Ba_2La_3(WO_4)_8$ $Li_3Ba_2Gd_3(WO_4)_8$ $Li_2Mg_2(WO_4)_3$	[38-43]
Na_2WO_4	698		4.18	水，硝酸	$NaY(WO_4)_2$	[44]
K_2WO_4 K_2WO_4/KF				水，硝酸	$KY(WO_4)_2$，$KLu(WO_4)_2$ $KLa(WO_4)_2$， $KYb(WO_4)_2$	[18,20,21,45-49]
Cs_2WO_4				水，硝酸	$CsLa(WO_4)_2$	[50]
$Li_2W_2O_7$				硝酸	$LiNd(WO_4)_2$， $LiY(WO_4)_2$，	[51,52]

续表

助熔剂	熔点 /℃	沸点 /℃	密度/ (g/cm³)	溶剂	晶体	参考文献
$K_2W_2O_7$				硝酸	$KSc(WO_4)_2$, $KBaGd(WO_4)_3$	[53,54]
Li_2MoO_4	705		2.66	盐酸	$Li_3Ba_2La_3(MoO_4)_8$ $Li_3Ba_2Y_3(MoO_4)_8$ $Li_3Ba_2Gd_3(MoO_4)_8$ $Li_3Ba_2Yb_3(MoO_4)_8$	[55-60]
$Na_2Mo_2O_7$				硝酸	$NaNd(MoO_4)_2$, $NaLu(MoO_4)_2$ $Na_2Mg_5(MoO_4)_6$	[61-63]
$K_2Mo_2O_7$				硝酸	$KBaGd(MoO_4)_3$, $MgMoO_4$	[64,65]
$K_2Mo_3O_{10}$				硝酸	$K_{0.6}(Mg_{0.3}Sc_{0.7})_2(MoO_4)_3$, $KAl(MoO_4)_2$	[66-68]
$Cs_2Mo_3O_{10}$				硝酸	$CsAl(MoO_4)_2$	[69]

* R=稀土离子，X = Al，Sc。

4.4 混料设计在助熔剂探索中的应用

4.4.1 混料设计概述

助熔剂种类繁多且成分复杂。复合助熔剂体系中往往含有三种乃至更多组分，组分之间的比例关系探索过程十分烦琐。引入基于数理统计的实验设计（design of experiment，DOE）方法可极大地提高复合助熔剂的探索效率[70,71]。DOE 有许多方面的用途，例如，在解决生产过程中温度、压强、时间等工艺因素对结果影响的问题时，可以使用分数阶乘或中心组合设计系列的设计来监控和优化生产属性，这种设计称为过程设计；DOE 的另一种主要类型则涉及了混合物问题，通过对混合物的实验设计探索混料组成的变化对混料性能的影响规律，称为混料设计。许多工农业制品如药品、汽油、塑料、油漆及食品等都以混合物的形式生产和销售。这些混合物由不同的成分组成，每个组成成分都可能对混合物的性能产生影响，甚至成分之间也会相互影响。于是，作为 DOE 的一个重要分支，混料设计被运用于工农业中，并为人们所熟知。在食品加工行业中，王娜等采用混料设计研究了功能性小米早餐粉配方中各原料成分比例对其感官质量的影响，得到了口感与营养兼具的最佳原料配比[72]；胡滨等在研究水酶法提取西瓜籽油的工艺中采用混料设计对复合酶不同配比进行优化，得到了最优分步酶解条件[73]。制药行业，Pires 等使用混料设计研究了麝香草酚这种药物辅料与硬脂酸、大豆磷脂、牛磺脱氧胆酸钠等的相容性[71]。化工方面，Sheng 等通过混料设计研究了纤维的种类和含量对沥青混合物强度、稳定性、耐久性、噪声水平、耐车辙性、疲劳寿命和水敏感性等性能的影响[74]。不管是在科研实验中，还是在实际生产中，人们越来越多地运用混料设计来解决这一类特殊的多因素的实验问题。

混料设计中，最大特征是组成混料的所有成分的总和为 1。混料的成分也称为混料因子，这些因子彼此具有相关性，不能单独研究其中的某一项，并且它们各自的比例必须在0~1之间。混料设计各因子间的约束关系可用几何方法表示，以三因素的混料设计为例，三个因素需要满足如下约束关系：A + B + C = 1，其几何表示如图 4-25 所示。

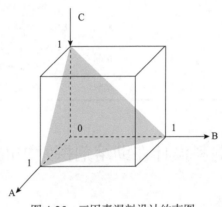

图 4-25　三因素混料设计约束图

混料设计有三种类型，第一种是混料型（mixture），最终结果只与各个分量的比例有关，这也是最简单的类型；第二种是混料-总量型（mixture-amounts），最终结果不只与各分量的比例有关，还与混料的总量有关；第三种是混料-过程变量型（mixture-process variable），最终结果不仅与各分量的比例有关，还受某些过程变量的影响，这些过程变量不属于混料的一部分，但是可能会影响混料的混合性质从而影响混料的混合比例，是比较复杂的一种类型。混料型混料设计的实验计划有 3 种，分别是单纯形质心法、单纯形格点法和极端顶点设计法。单纯形混料设计方法规范，实验点分布均匀、对称，适用于因子、水平不太多的混料场合，当因子或水平较多时，实验次数过多，此时单纯形混料设计法就不再适用了。极端顶点设计适用于有边界约束条件的实验设计场合，限制平面的交点处被称为极端顶点，其约束区间是个凸多面体，实验点取在多面体的顶点、多面体面的重心、多面体的重心处。一般来说，混料设计的实验计划可以进行多个轮次，而且不同的实验计划是可以配合使用的。

混料设计具有设计实验点数少、回归模型预测精度高等优点。混料设计可以研究配方中各因子之间的配比和相关性，然后利用回归分析建立各因变量的曲线方程，可以根据因变量和回归方程预算最后的结果，同时通过软件的混料设计优化功能，也可以根据目标值选定最佳的配比组合。通常，研究者以混料设计为指导思想，通过软件选取有限的实验配比点，据此进行具体实验操作，然后对实验结果按照一定的标准赋值，再对赋值结果进行分析处理，得到相应的数学模型，而通过对数学模型的解读，可以看到混料设计中各组分的交互作用，进一步优化配方，求得各组分的最佳比例，得到最优的结果。

4.4.2　混料设计指导复合助熔剂探索实验方案

本节以一个三组分复合助熔剂体系为例介绍混料设计在助熔剂配方探索方面的具体实施方案。该体系中包含三个组分，约束条件是三组分比例之和为 1，变量为各组分相对含量。利用混料设计单纯形格点法选取实验点，各实验点的详细配方如表 4-2 所示，A、B、C 分别对应复合助熔剂体系中的三个组分。将各实验点绘制到如图 4-26 所示的三线坐标系中，可以更直观地反映各配料点的组成情况及各分量之间的关系。该三线坐标系是一个以 A、B、C 三个因子为顶点的等边三角形，顶点处因子的量为 1，与之相对的边上因子的量为 0。由几何关系可知：等边三角形内任意一点到三条边的垂直距离之和等于该三角形的高。因此，如果将三角形的高定为 1，那么三角形内任意一个点都可以由其到三条边的垂直距离给出三个坐标值，且三个坐标值之和恒为 1，坐标值的数值代表了该点的各个因子的组成情况。

表 4-2　**A-B-C 三元体系混料设计实验配比**（摩尔比）

实验组	A	B	C
1	0.33	0.33	0.33
2	0	0.50	0.50
3	0.25	0.25	0.50
4	0.50	0	0.50
5	0	0.25	0.75
6	0.25	0.50	0.25
7	0.25	0.75	0
8	0	0	1
9	0.50	0.25	0.25
10	0.75	0	0.25
11	0	0.75	0.25
12	0.75	0.25	0

续表

实验组	A	B	C
13	0.67	0.17	0.17
14	1	0	0
15	0.25	0	0.75
16	0.50	0.50	0
17	0.17	0.67	0.17
18	0.17	0.17	0.67
19	0	1	0

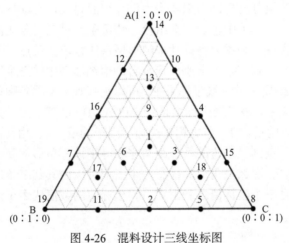

图 4-26　混料设计三线坐标图

　　配料点确定之后，就可以根据选取的实验点进行助熔剂实验。首先，设定每个实验点的配料总量，按照表 4-2 中列出的配方计算出各个原料的实际用量。用电子天平一一称取原料后，将它们充分研磨混合均匀。然后，将混匀后的混合料转移到坩埚并置于高温炉内，按照一定的温度程序升温并实时观察原料的熔融情况。如果原料在高温下没有完全熔透，则可快速降至室温，然后取出坩埚将其中的固体凝结物敲出；如果原料在高温下完全熔透了，则需设置缓慢降温程序，在降温期间不断观察坩埚中熔液的状态，以粗略地找到晶体开始析出的饱和点并适时调整降温程序，在晶体析出达到一定的量之后，则可以开始加快降温速率，待温度降到室温之后将坩埚中的固体凝结物敲出，并把其中的晶体析出物挑出来，洗去助熔剂成分，烘干，进行后续的测试分析。实验过程中需要记录升降温程序、熔融温度点、析晶温度点等数据和混合料熔融状况、挥发状况、黏度等实验现象。在第一轮探索过程中，可以综合高温熔液的熔解程度、透明度和挥发性等对实验点进行赋值，继而绘制出助熔效果等值线图和三维曲面图并对其进行误差分析。

通过上述赋值结果可以判断出较佳的助熔剂配方范围，结合回归分析还可研究各组分对助熔效果的影响规律，判断出影响助熔效果的主要因素和较佳配方范围。根据实际需要，还可在该较佳配方范围基础上进行第二轮混料设计实验以精确描绘出有效助熔剂成分范围。

4.4.3　混料设计指导复合助熔剂探索应用实例

$LaBSiO_5$ 晶体是一种潜在的多功能光电功能晶体。本节以作者在 $LaBSiO_5$ 晶体的助熔剂探索方面的工作为例介绍混料设计技术指导复合助熔剂探索的具体过程。在研究初期，作者根据预研结果选定了 $LaBO_3$、碱金属钼酸盐与 SiO_2 的组合体作为 $LaBSiO_5$ 晶体的复合助熔剂。碱金属钼酸盐的作用是降低体系的熔点与减小体系的黏度，而硼酸镧和 SiO_2 既作为助熔剂组分存在，同时也是目标晶体的原料组成。作者在实验中选用了 Li_2MoO_4、Na_2MoO_4、K_2MoO_4、$Li_2Mo_2O_7$、$Na_2Mo_2O_7$ 和 $K_2Mo_2O_7$ 等化合物分别与 $LaBO_3$、SiO_2 组成复合助熔剂体系：$LaBO_3$-Li_2MoO_4-SiO_2、$LaBO_3$-Na_2MoO_4-SiO_2、$LaBO_3$-K_2MoO_4-SiO_2、$LaBO_3$-$Li_2Mo_2O_7$-SiO_2、$LaBO_3$-$Na_2Mo_2O_7$-SiO_2 和 $LaBO_3$-$K_2Mo_2O_7$-SiO_2。将这六个体系按照上节中介绍的实验设计流程和实验探索方案一一进行助熔剂实验，发现只有 $LaBO_3$-Li_2MoO_4-SiO_2 体系有助熔效果，并且能够析出 $LaBSiO_5$ 晶体，因此本节将详细介绍这个体系在混料设计指导下的助熔剂配比探索和配方优化过程[75,76]。

1. 首轮混料设计助熔剂探索实验

$LaBO_3$-Li_2MoO_4-SiO_2 复合助熔剂体系中三个组元分别为 $LaBO_3$、Li_2MoO_4 与 SiO_2，其中 $LaBO_3$ 及 Li_2MoO_4 是以 La_2O_3、H_3BO_3、Li_2CO_3 与 MoO_3 为原料按照化学计量比进行配料，考虑到硼酸在升温过程中极易挥发，配料时硼酸应适当过量。按照熔融质量为 20 g 的标准及表 4-2 中所列的各实验点摩尔比例配制原料：$LaBO_3$ 即为 A，Li_2MoO_4 即为 B，SiO_2 即为 C。实验用坩埚材质为铂金，高温炉为最高温度为 1100℃ 的竖式管式炉。为定量评估各个混料配方所对应体系的助熔效果，对实验结果设定如下赋值规则：

$$y = 0.6x_1 + 0.2x_2 + 0.2x_3 \tag{4-5}$$

式中，x_1 表示熔解程度，视熔解情况在 0～10 之间取值，熔解程度越高则取值越大；x_2 表示透明度，从不透明到完全透明，赋值从 0 到 10；x_3 表示挥发性，视挥发性大小取 0～10 之间值，挥发性越小则取值越大。助熔效果数值 y 的取值不大于 10。

根据赋值方程，结合各配料实验过程中的实验现象一一予以赋值，可以得到第一轮混料设计的赋值结果，如表 4-3 所示。

表 4-3　LaBO$_3$-Li$_2$MoO$_4$-SiO$_2$体系第一轮混料设计助熔剂实验结果

实验组	A（LaBO$_3$）	B（Li$_2$MoO$_4$）	C（SiO$_2$）	x_1	x_2	x_3	结果（y）
1	0.33	0.33	0.33	2.0	4.0	5.0	3.0
2	0	0.50	0.50	8.0	2.5	2.5	5.8
3	0.25	0.25	0.50	2.0	2.5	1.5	2.0
4	0.50	0	0.50	0.0	0.0	0.0	0.0
5	0	0.25	0.75	2.0	2.5	4.0	2.5
6	0.25	0.50	0.25	7.0	5.0	4.0	6.0
7	0.25	0.75	0	9.5	9.0	5.0	8.5
8	0	0	1	0.0	0.0	0.0	0.0
9	0.50	0.25	0.25	5.0	2.0	3.0	4.0
10	0.75	0	0.25	1.0	0.0	2.0	1.0
11	0	0.75	0.25	9.5	8.0	6.0	8.5
12	0.75	0.25	0	3.0	1.5	2.0	2.5
13	0.67	0.17	0.17	3.0	2.0	4.0	3.0
14	1	0	0	0.0	0.0	0.0	0.0
15	0.25	0	0.75	0.5	0.0	3.5	1.0
16	0.50	0.50	0	6.5	5.5	4.0	5.8
17	0.17	0.67	0.17	9.0	8.5	4.5	8.0
18	0.17	0.17	0.67	4.0	4.0	4.0	4.0
19	0	1	0	10.0	10.0	9.0	9.8

　　根据表4-3中的赋值结果，可以利用软件绘制等值线图和三维曲面图，如图4-27所示。等值线图中以颜色深浅来体现助熔效果，助熔效果越好则赋值越高，所在区域颜色越深。从图4-27（a）中可以看到，助熔效果较好的区域落在了结果>8的三角形区域范围内。三维曲面图是表达 LaBO$_3$、Li$_2$MoO$_4$与 SiO$_2$三者的交互作用的三维等值线图，从图4-27（b）中可以看到，组分 A（LaBO$_3$）对实验结果的贡献随着其相对含量的增加呈现出下降的趋势。与之相似的是组分 C（SiO$_2$），其对实验结果的贡献也是随着相对含量的增加呈下降趋势。而组分 B（Li$_2$MoO$_4$）则与之相反，其对实验结果的贡献是随着相对含量的增加呈现上升趋势的。结合图4-27（a）、（b）两幅图可以看出，增加组分 B 的相对含量有利于体系的熔化，这与助熔剂实验的实际结果是一致的。同时，该结果为助熔剂配方的优化提供了指导方向，即应通过增大组分 B 的相对含量来优化配方，寻找最优的助熔剂配比，达到更好的助熔效果。

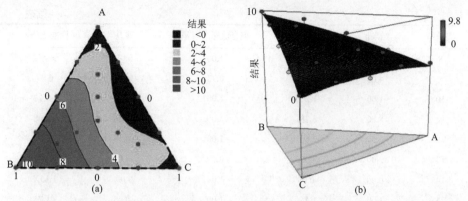

图 4-27 LaBO$_3$-Li$_2$MoO$_4$-SiO$_2$ 体系第一轮混料设计结果等值线图（a）与三维曲面图（b）

图 4-27（a）中助熔效果较佳的区域还可以用如下所示的回归方程来表示：

$$
\begin{aligned}
y = {} & 0.101x_1 + 9.943x_2 + 0.237x_3 \\
& + 3.356x_1x_2 + 2.931x_1x_3 + 2.782x_2x_3 \\
& - 7.984x_1x_2x_3 - 3.096x_1x_2(x_1 - x_2) \\
& + 0.484x_1x_3(x_1 - x_3) + 3.580x_2x_3(x_2 - x_3)
\end{aligned}
\tag{4-6}
$$

式中，x_1、x_2、x_3 分别为 LaBO$_3$、Li$_2$MoO$_4$、SiO$_2$ 在混料设计中的相对含量，y 为所得赋值结果，当 $y > 8$ 时，该方程描述的区域即为图中深色区域。该回归方程模型的 $R^2 = 97.55\%$，R^2（调整）$= 88.97\%$，说明回归方程的拟合程度较好，拟合结果的置信度较高。

再对实验结果进行误差分析，得到的分析结果如表 4-4 所示。实验的误差分析即残差分析包括拟合值标准误差和标准化残差等。残差是指实验结果与拟合值之差，而拟合值是指通过函数拟合得到的结果，标准化残差则是表征拟合效果的关键因素。从表 4-4 中可以看到，拟合值和实验值很接近，拟合值标准误差也较小。

表 4-4 LaBO$_3$-Li$_2$MoO$_4$-SiO$_2$ 体系第一轮混料设计实验结果残差表

实验组	结果值	拟合值	拟合值标准误差	残差	标准化残差
1	3.00	3.75	0.59	−0.75	−0.88
2	5.80	5.40	1.01	0.40	1.57
3	2.00	2.89	0.73	−0.89	−1.21
4	0.00	−0.32	1.01	0.32	1.29
5	2.50	2.98	1.00	−0.48	−1.85
6	6.00	5.67	1.04	0.33	0.43
7	8.50	8.65	0.73	−0.15	−0.59

实验组	结果值	拟合值	拟合值标准误差	残差	标准化残差
8	0.00	−0.07	1.00	0.07	1.49X
9	4.00	3.36	0.73	0.64	0.87
10	1.00	1.20	1.00	−0.20	−0.77
11	8.50	8.78	1.00	−0.28	−1.08
12	2.50	2.60	1.00	−0.10	−0.39
13	3.00	3.05	0.79	−0.05	−0.08
14	0.00	−0.05	1.04	0.05	1.15X
15	1.00	1.45	1.00	−0.45	−1.75
16	5.80	5.73	1.01	0.07	0.25
17	8.00	7.78	0.79	0.22	0.32
18	4.00	2.76	0.79	1.24	1.84
19	9.80	9.74	1.04	0.06	1.22X

注：X 表示受 X 值影响很大的观测值。

　　可以进一步将上述残差结果作成如图 4-28 所示的残差分析图。综合分析回归方程、残差数据与残差图，可以看出拟合结果的准确程度。四合一残差图中，首先观察的是图 4-28（b），该图中点大致分布在水平线两边，虽然没有完全对称，但也没有出现喇叭形或者弯曲的 U 形、上行 U 形或者下行 U 形，说明拟合的值

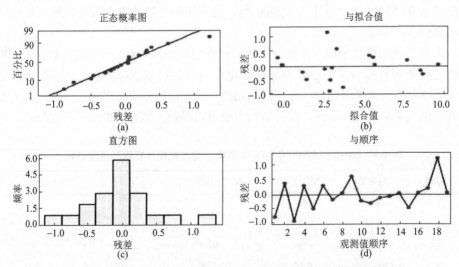

图 4-28　LaBO₃-Li₂MoO₄-SiO₂ 体系第一轮混料设计实验结果残差图

（a）标准化残差正态概率图；（b）标准化残差与拟合值的分布图；（c）标准化残差正态分布直方图；
（d）标准化残差根据观测值顺序分布图

可靠性好。再看图 4-28（d），图中没有出现明显的失控现象，即没有明显的异常观测值。图 4-28（a）为正态概率图，其意义与图 4-28（c）基本一致，从直方图中可以看到结果与正态分布曲线基本符合。综合分析残差图，可以知道，第一轮混料设计的实验赋值结果有一定的参考价值，但得到的模型仍需要进一步优化。

2. 第二轮混料设计助熔剂探索实验

通过第一轮混料设计实验与结果分析，可以发现表 4-2 中第 7、17 和 19 三个配料点对应的助熔剂体系在高温时熔融效果较好，这三个点对应的配方为 $LaBO_3$：Li_2MoO_4：SiO_2 = 0.25：0.75：0、0.17：0.67：0.17、0：1：0。实际上，配料点 7 与 19 中并不含有 $LaBO_3$ 或 SiO_2，不具有实际意义，真正具有应用价值的为配料点 17。配料点 17 对应的复合助熔剂体系在 1050℃时基本完全熔融，而且在降温过程中有 $LaBSiO_5$ 晶体析出，该结果直接说明 $LaBO_3$-Li_2MoO_4-SiO_2 体系极有可能是适合用于生长 $LaBSiO_5$ 晶体的一个复合助熔剂体系。为了优化助熔剂配方，寻找到更佳的配比点，使原料在 1050℃下完全熔透，对 $LaBO_3$-Li_2MoO_4-SiO_2 体系进行了第二轮混料设计。在第二轮混料设计中，选定的设计范围为图 4-27（a）中的深色三角形区域（A，B，C）=（$LaBO_3$，Li_2MoO_4，SiO_2）=（0~0.3，0.7~1，0~0.3），通过极端顶点设计法再次选取了 10 个配料点进行助熔剂实验。这 10 个配料点的具体配比如表 4-5 所示。同时，为了直观地展示两轮混料设计在配料选点上的联系与区别，可将第二轮混料设计中选取的各配比点投影到第一轮混料设计的三线坐标图中，其具体分布情况如图 4-29 所示。

表 4-5 $LaBO_3$-Li_2MoO_4-SiO_2 三元体系第二轮混料设计实验配比（摩尔比）及助熔效果

实验组	A（$LaBO_3$）	B（Li_2MoO_4）	C（SiO_2）	x_1	x_2	x_3	x_4	结果（y）
20	0.15	0.70	0.15	10.00	7.50	1.50	1.00	7.80
21	0.15	0.85	0.00	9.50	7.00	2.50	0.00	0.00
22	0.00	0.85	0.15	9.00	7.50	5.00	0.00	0.00
23	0.20	0.75	0.05	10.00	8.50	5.00	0.40	3.48
24	0.10	0.80	0.10	10.00	9.00	5.50	0.50	4.45
25	0.30	0.70	0.00	9.50	7.00	3.50	0.00	0.00
26	0.00	1.00	0.00	10.00	10.00	9.00	0.00	0.00
27	0.00	0.70	0.30	8.50	6.50	5.00	0.00	0.00
28	0.05	0.75	0.20	10.00	7.50	4.00	0.40	3.32
29	0.05	0.90	0.05	10.00	9.50	7.00	0.20	1.86

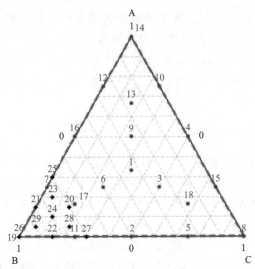

图 4-29　$LaBO_3$-Li_2MoO_4-SiO_2 体系混料设计配料点三线坐标分布图

为了确定第二轮混料设计的结果，同样需要进行赋值分析。与第一轮混料设计不同的是，第二轮混料设计是在第一轮混料设计选出的具有较佳助熔效果的区域进行的，第一轮的判断指标和赋值规则不再适用于第二轮混料设计，需要选择新的判断指标并重新制定赋值规则。在确定了助熔剂有效助熔的前提下，能否析出目标晶体和析出产物的量才是研究者所关心的。因此，在原来的是否全熔、熔体透明度高低和挥发性大小这三个指标之外，还需增加一个新的指标，即产物 $LaBSiO_5$ 晶体的量，并以此为最终判据来进行赋值。第二轮混料设计的赋值方程为

$$y = (0.6x_1 + 0.2x_2 + 0.2x_3) \times x_4 \qquad (4\text{-}7)$$

式中，$x_1 =$ 熔解程度，$x_2 =$ 透明度，$x_3 =$ 挥发性，取 $0 \sim 10$ 之间值；$x_4 = LaBSiO_5$ 晶体的产量，x_4 根据不同助熔剂配比点析出的 $LaBSiO_5$ 晶体的产量取 $0 \sim 1$ 之间值，其中产量最高的取值为 1。助熔效果数值 y 的取值仍不大于 10。在上述赋值规则下，第二轮混料设计 10 个实验点的赋值结果如表 4-5 所示。

根据表 4-5 的赋值结果，可以绘制出第二轮混料设计实验结果等值线图和三维曲面图，分别如图 4-30（a）和（b）所示。从图 4-30（b）中可以看到，组分 A（$LaBO_3$）对实验结果的贡献随着其含量的增加呈先上升后下降的趋势。与之相似的是组分 C（SiO_2），其对实验结果的贡献也是随含量的增加呈先上升后下降的趋势。而组分 B（Li_2MoO_4）对实验结果的贡献则是随着含量的增加呈上升趋势。但结合图 4-30（a）和（b）可知，综合考虑助熔效果与产物产量两个因素，一味地增加某一组分的含量是不可取的。这说明，两轮混料设计的结果都是有指导意义的，通过两轮混料设计实验能够得到一个较优的助熔剂配方。

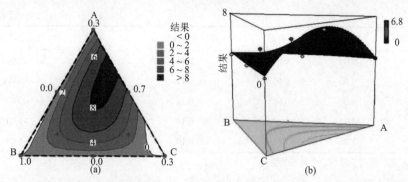

图 4-30　$LaBO_3$-Li_2MoO_4-SiO_2 体系第二轮混料设计结果等值线图（a）和三维曲面图（b）

对第二轮混料设计的数据进行回归分析，可以得到如下所示的回归方程：

$$y = 384.6x_1 + 0.2x_3 - 678.6x_1x_2 - 885x_1x_3 - 0.4x_2x_3 \\ + 1372.5x_1x_2x_3 - 323x_1x_2(x_1 - x_2) + 214.8x_1x_3(x_1 - x_3)$$

（4-8）

式中，x_1、x_2、x_3 分别为 $LaBO_3$、Li_2MoO_4、SiO_2 的摩尔分数；y 为所得赋值结果。这个回归方程的 $R^2 = 98.88\%$，高于回归分析的 R^2 值，R^2（调整）$= 89.88\%$，说明优化后的模型拟合效果较之第一轮混料设计更好。令上述方程的值 $\geqslant 6$，则其所描述的就是图 4-30（a）中的深色区域，即实验结果较好的配料区域。

通过回归模型的分析可知第二轮助熔剂配比优化的方向是正确的。为了更好地分析二次混料设计的效果，对赋值二次混料设计的赋值结果也进行残差分析，如表 4-6 所示。从表中可以看到，拟合值和实验值很接近，拟合值标准误差也较小。为了更清晰地解读残差，将结果制成四合一残差图，如图 4-31 所示。从图 4-31（a）的标准化残差正态概率图和图 4-31（c）的标准化残差正态分布直方图可以看出结果与正态分布曲线拟合得很好，图 4-31（b）标准化残差与拟合值的分布图中各观测点正常分布，图 4-31（d）标准化残差根据观测值顺序分布图中也没有出现明显的失控，说明无明显的异常观测值。综合分析残差图可以知道，二次混料设计回归分析得到的模型拟合效果较好，说明实验结果可靠性较强，配方得到了优化。

表 4-6　$LaBO_3$-Li_2MoO_4-SiO_2 体系第二轮混料设计实验结果残差表

实验组	结果值	拟合值	拟合值标准误差	残差	标准化残差
20	6.80	6.78	0.11	0.02	1.00
21	0.00	−0.01	0.11	0.01	1.00
22	0.00	−0.01	0.11	0.01	1.00
23	3.48	3.53	0.10	−0.05	−1.00
24	4.45	4.37	0.09	0.08	1.00

续表

实验组	结果值	拟合值	拟合值标准误差	残差	标准化残差
25	0.00	0.01	0.11	−0.01	−1.00X
26	0.00	0.01	0.11	−0.01	−1.00X
27	0.00	0.01	0.11	−0.01	−1.00X
28	3.32	3.37	0.10	−0.05	−1.00
29	1.86	1.91	0.10	−0.05	−1.00

注：X 表示受 X 值影响很大的观测值。

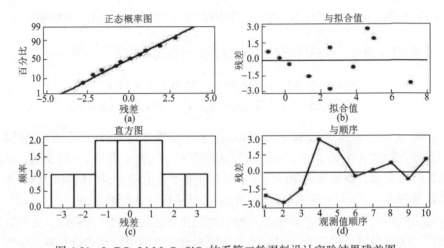

图 4-31　$LaBO_3$-Li_2MoO_4-SiO_2 体系第二轮混料设计实验结果残差图

（a）标准化残差正态概率图；（b）标准化残差与拟合值的分布图；（c）标准化残差正态分布直方图；（d）标准化残差根据观测值顺序分布图

3. 验证实验

在进行了两轮混料设计之后，为了证明混料设计结果的可靠性，可在二次混料设计回归方程所描述的图 4-30（a）深色区域范围内任取五个配料点进行验证实验。实验配比如表 4-7 所示。

表 4-7　$LaBO_3$-Li_2MoO_4-SiO_2 体系验证实验设计实验配比（摩尔比）

实验组	A（$LaBO_3$）	B（Li_2MoO_4）	C（SiO_2）
30	0.15	0.75	0.10
31	0.18	0.72	0.10
32	0.14	0.72	0.14
33	0.11	0.72	0.17
34	0.22	0.70	0.08

　　将表 4-7 中的五个配料点分布到第二轮混料设计赋值结果等值线图中，可以更直观地体现选点的位置与范围。如图 4-32 所示，三角形图标表示的即是验证实验的实验点。实验结果显示，上述五个配料点对应的复合体系在 1050℃时都能够完全熔融，利用自发形核法可得到 LaBSiO$_5$ 晶体。图 4-33 展示了它们析出的小晶体产物相片及对应的 XRD 图谱，产量可观，晶体质量较好。图 4-33（b）中晶体 a、b、c、d、e 分别由配料点 30、31、32、33、34 析出。验证实验的结果说明利用软件模拟来进行实验设计是合理可行的，系统计算的结果是可靠的。

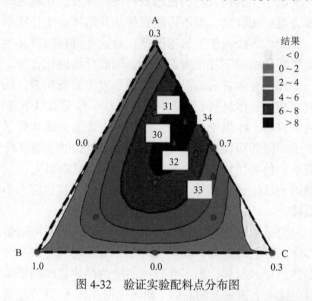

图 4-32　验证实验配料点分布图

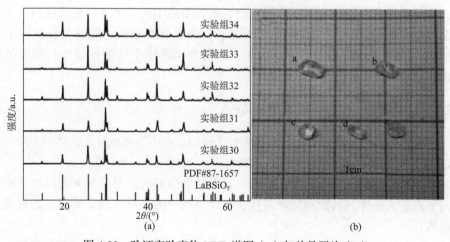

图 4-33　验证实验产物 XRD 谱图（a）与单晶照片（b）

4.5　助熔剂法晶体生长技术的优缺点

4.5.1　助熔剂法晶体生长技术的优点

（1）这种方法适用性很强，几乎对所有的材料都能找到一些相应的助熔剂来生长出晶体，这对于探索新材料来说特别有利。

（2）对于许多难熔化的化合物、在熔点时极易挥发、在高温时变价或有相变的材料及非同成分熔融化合物，都不可能直接从其熔体中生长或不可能生长出完整的优质单晶，而助熔剂法由于生长温度低，对这些材料的单晶生长却显示出独特的能力。这些材料包括如下几个方面：①非同成分熔融化合物，也就是熔化前会分解的材料。②那些在生长后的降温过程中会发生固态相变，而这些相变又会导致严重应变或开裂的晶体材料（因而生长应在这一相变点以下进行）。③在熔点时，蒸气压很高的材料。④由于可挥发组分的损失而会变成非化学计量的材料。⑤由于坩埚或炉子的问题而在技术上难以用熔体法生长的难熔材料。

（3）设备简单、价格便宜，适合于新材料探索的早期研究。

（4）采用助熔剂法生长的晶体，由于生长温度低，其热应力小，而且能够得到外形完整的晶体。

研究表明，只要采取适当的措施和合适的工艺条件，采用助熔剂法生长出来的晶体相比于熔体法生长的晶体，其热应力小，更均匀完整。有时一些本来能用熔体法生长的晶体或层状材料，为了获得高品质的晶体也改用助熔剂法来进行生长。尤其是一些在技术上很重要的晶体（如砷化镓晶体），其块晶是用熔体法生长的，但用得最多的器件却是从金属作助熔剂的溶液中生长出来的层状材料。在较低温度上生长的层状晶体的点缺陷浓度和位错密度都较低，能够生长出化学计量比和掺杂离子浓度均匀性好的晶体，因而在结晶学上比熔体法生长的晶体更为优良。

4.5.2　助熔剂法晶体生长技术的缺点

（1）晶体生长是在"不纯"的体系中进行的，而不纯物主要为助熔剂本身，生长过程中助熔剂容易在晶体中形成包裹体。

（2）助熔剂容易将杂质引入晶体：首先是助熔剂的主要成分可能以离子或原子的形式进入晶体，其次是原来就存在于助熔剂中的杂质以离子或原子的形式进入晶体。

（3）生长速率缓慢，生长周期长：在晶体生长过程中为了避免产生包裹体，生长必须在比熔体生长慢得多的速率下进行，致使生长速率极为缓慢，生长的周期长（十几天至几十天），这是由它的生长机制所决定的。

（4）很多助熔剂都具有不同程度的毒性，其挥发物经常腐蚀和污染炉体，并对人体造成损害。

参 考 文 献

[1] 张庆麟. 珠宝玉石识别辞典[M]. 2 版. 上海: 上海科学技术出版社, 2013.

[2] Espig H. Synthetic emerald[J]. Z Krist, 1935, 92: 387-391.

[3] Remeika J P, Jackson W M. A method for growing barium titanate single crstal[J]. J Am Chem Soc, 1954, 76: 940-941.

[4] Nielsen J W, Dearborn E F. The growth of single crystals of magnetic garnets[J]. J Phys Chem Solids, 1958, 5: 202-207.

[5] Elwell D, Neate B W. Mechanisms of crystal growth from fluxed melts[J]. J Mater Sci, 1971, 6: 1499-1503.

[6] Scheel H J, Elwell D. Stable growth-rates and temperature programming in flux growth[J]. J Cryst Growth, 1972, 12: 153-157.

[7] Gornert P. Bulk transport and interfacial growth-processes of garnets[J]. J Cryst Growth, 1981, 52: 88-97.

[8] Gornert P. Kinetics and mechanisms of it flux crystal growth[J]. Prog Cryst Growth Charact, 1990, 20: 263-284.

[9] Sun S J, Zhang L Z, Huang Y S, et al. Flux-Czochralski growth of $Ca_9Y(VO_4)_7$ crystal[J]. J Cryst Growth, 2014, 201, 392: 98-101.

[10] Zhao W, Zhou W W, Song M J, et al. Modified Czochralski growth and characterization of Nd^{3+}-doped $CsLa(WO_4)_2$ crystal[J]. J Cryst Growth, 2011, 332: 87-93.

[11] 王国富, 黄清镇, 梁敬魁. BaB_2O_4-SrB_2O_4 截面和 BaB_2O_4-SrO 截面的相平衡关系的研究[J]. 化学学报, 1984, 42: 503-508.

[12] Levin E M, Ugrinic G M. The system barium oxide-boric oxide -silica[J]. J Res Natl Bur Stand (U. S.), 1953, 51: 37-56.

[13] Wang G F, Gallagher H G, Han T P J, et al. Crystal growth and optical characterization of Cr^{3+}-doped $YAl_3(BO_3)_4$[J]. J Cryst Growth, 1995, 153: 169-174.

[14] Wang G F, Gallagher H G, Han T P J, et al. The growth and optical assessment of Cr^{3+}-doped $RX_3(BO_3)_4$ crystals with R=Y, Gd; X=Al, Sc[J]. J Cryst Growth, 1996, 163: 272-278.

[15] 王国富, 涂朝阳, 罗遵度. Cr^{3+}: $Al_2(WO_4)_3$ 晶体生长助熔剂体系的挥发动力学[J]. 人工晶体学报, 1989, 18: 241-243.

[16] 王国富, 罗遵度. $Al_2(WO_4)_3$ 相关体系相图及其熔剂挥发动力学[J]. 硅酸盐学报, 1992, 20: 338-341.

[17] Han X M, Wang G F, Tsuboi T. Growth and spectral properties of Er^{3+}/Yb^{3+}-codoped $KY(WO_4)_2$ crystal[J]. J Cryst Growth, 2002, 242: 412-420.

[18] Han X M, Wang G F. Growth and spectral properties of Nd^{3+}: $KLa(WO_4)_2$ crystal[J]. J Cryst

Growth, 2003, 249: 167-171.

[19] Tang L Y, Lin Z B, Hu Z S, et al. Growth and spectral properties of KLu(WO$_4$)$_2$ crystal[J]. J Cryst Growth, 2005, 277: 228-232.

[20] Wang G F, Luo Z D. Crystal growth of KY(WO$_4$)$_2$: Er^{3+}, Yb^{3+}[J]. J Cryst Growth, 1992, 116: 505-506.

[21] Wang G F, Luo Z D. Selected Paper on Laser Crystal Growth[M]. Washington: SPIE Engineering Press, 2000.

[22] Anderson J C, Schieber M. Crystal growth in system lithinum oxide boron trioxide ferric oxide[J]. J Phys Chem, 1963, 67: 1838-1833.

[23] Fauquier D, Gasperin M. Synthesis of monocrystals and structural study of LaNbTiO$_6$[J]. Bull Soc Fr Min Cryst, 1970, 93: 258-262.

[24] Brixner L H, Babcock K. Inorganic single crystals from reaction in fused salts[J]. Mat Res Bull, 1968, 3: 817.

[25] Linares R C. Growth of yttrium iron garnet from molten barium borate[J]. J Am Ceram Soc, 1962, 45: 307-310.

[26] Mercier M, Bauer P, Fouileux B. Magnetoelectrical measurements on LiFePO$_4$[J]. C R Acad Sci Paris Series B, 1968, 267: 1345-1349.

[27] Patel A R, Bhat H L. Growth of strontium sulphate single crystals by chemically reaction flux method and their dislocation configuration[J]. J Cryst Growth, 1971, 8: 153-158.

[28] Petel A R, Koshy J. Etching of synthetic barite(BaSO$_4$) single crystals[J]. J Appl Crystallog, 1968, 1: 1172-1176.

[29] Chen W, Jiang A D, Wang G F. Growth of high-quality and large-sized β-BaB$_2$O$_4$ crystal[J]. J Cryst Growth, 2003, 256: 383-386.

[30] Laudise R A, Dearborn E F, Linares R C. Growth of yttrium iron garnet on a seed from a molten salt solution[J]. J Appl Phys, 1962, 33: 1362-1367.

[31] Nielsen J W, Dearborn E F. The growth of single crystals of magnetic garnets[J]. J Phys Chem Solids, 1958, 5: 202-207.

[32] Vanuitert L G, Grodkiewicz W H, Dearborn E F. Growth of large optical quality yttrium and rare-earth aluminum garnets[J]. J Am Ceram Soc, 1965, 48: 105-109.

[33] Feigelso R. Flux growth of type RVO$_4$ rare-earth vanadate crystals[J]. J Am Ceram Soc, 1968, 51: 538-542.

[34] Garton G, Smith S H, Wanklyn B M. Crystal growth from flux systems PbO-V$_2$O$_5$ and Bi$_2$O$_3$-V$_2$O$_5$[J]. J Cryst Growth, 1971, 13: 588-593.

[35] Voskanyan R A, Zheludev I S. Growth of large hematite crystal from solution in a Bi$_2$O$_3$-Na$_2$CO$_3$（flux）melt[J]. Sov Phys Crystollog USSR, 1967, 12: 473-474.

[36] Wang G F, Han T P J, Gallagher H G, et al. Crystal growth and optical properties of Ti^{3+}: YAl$_3$(BO$_3$)$_4$ and Ti^{3+}: GdAl$_3$(BO$_3$)$_4$[J]. J Cryst Growth, 1997, 181: 48-54.

[37] Wang G F, Lin Z B, Hu Z S, et al. Crystal growth and optical assessment of Nd^{3+}-doped GdAl$_3$(BO$_3$)$_4$ crystal[J]. J Cryst Growth, 2001, 233: 755-760 .

[38] Li H, Wang G J, Zhang L Z, et al. Growth and structure of Nd^{3+}-doped Li$_3$Ba$_2$Y$_3$(WO$_4$)$_8$ crystal

with a disorder structure[J]. Cryst Engcom, 2010, 12: 1307-1310.

[39] Li H, Wang G J, Zhang L Z, et al. Growth and spectral properties of Nd^{3+}: $Li_3Ba_2Y_3(WO_4)_8$ crystal[J]. Mater Res Innov, 2010, 14: 419-422.

[40] Xiao B, Zhang L Z, Lin Z B, et al. Growth and spectral properties of Nd^{3+}: $Li_3Ba_2La_3(WO_4)_8$ crystal[J]. Optelectron Adv Mater-Rap Commun, 2012, 6: 404-410.

[41] Zhao Y X, Huang Y S, Zhang L Z, et al. Growth and spectral properties of Er^{3+} /Yb^{3+}: $Li_3Ba_2Gd_3(WO_4)_8$ crystal[J]. Optelectron Adv Mater-Rap Commun, 2012, 6: 357-362.

[42] Xiao B, Lin Z B, Zhang L Z, et al. Growth, thermal and spectral properties of Er^{3+}-doped and Er^{3+}/Yb^{3+}-codoped $Li_3Ba_2La_3(WO_4)_8$ crystals[J]. PLoS One, 2012, 7: e40631.

[43] Li L Y, Yu Y, Zhang L Z, et al. Crystal growth, spectroscopic properties and energy levels of Cr^{3+}: $Li_2Mg_2(WO_4)_3$, a candidate for broadband laser application[J]. RSC Adv, 2014, 4: 37041-37046.

[44] He Y Z, Wang G F, Luo Z D. Growth and X-ray diffraction study of a new laser crystal Nd^{3+}: $NaY(WO_4)_2$[J]. Chin Phys Lett, 1993, 10: 667-668.

[45] Wang G F, Luo Z D. Nd^{3+}: $KY(WO_4)_2$ crystal growth and X-ray diffraction[J]. J Cryst Growth, 1990, 102: 765-768.

[46] Han X M, Wang G F. Crystal growth and spectral properties of Nd^{3+}: $KY(WO_4)_2$ crystal[J]. J Cryst Growth, 2003, 247: 551-554.

[47] Tang L Y, Lin Z B, Zhang L Z, et al. Phase diagram, growth and spectral characteristic of Yb^{3+}: $KY(WO_4)_2$ crystal[J]. J Cryst Growth, 2005, 282: 376-382.

[48] Tang L Y, Wang G F. Spectral parameters of Nd^{3+} ion in Nd^{3+}: $KLu(WO_4)_2$ crystal[J]. Chin J Struct Chem, 2005, 23: 383-386.

[49] Huang Y S, Zhang L Z, Lin Z B, et al. Growth and spectral characteristic of $KYb(WO_4)_2$ crystal[J]. Mater Res Innov, 2008, 12: 162-165.

[50] Zhao W, Zhou W W, Song M J, et al. Modified Czochralski growth and characterization of Nd^{3+}-doped $CsLa(WO_4)_2$ crystal[J]. J Cryst Growth, 2011, 332: 87-93.

[51] Huang X Y, Lin Z B, Zhang L Z, et al. Growth, structure and spectral characterization of $LiNd(WO_4)_2$[J]. Cryst Growth Des, 2006, 6: 2271-2274.

[52] Huang X Y, Wang G F. Growth and optical characteristics of Yb^{3+}: β-$LiY(WO_4)_2$ crystal[J]. Opt Mater, 2009, 31: 919-922.

[53] Xiao B, Huang Y S, Zhang L Z, et al. Growth, structure and spectroscopic characterization of Nd^{3+}-doped $KBaGd(WO_4)_3$ crystal with a disordered structure[J]. PLoS One, 2012, 7: e40229.

[54] Wang G J, Huang Y S, Zhang L Z, et al. Growth and spectroscopic characteristics of Cr^{3+}: $KSc(WO_4)_2$ crystal[J]. Opt Mater, 2012, 34: 1120-1123.

[55] Song M J, Wang L T, Zhao M L, et al. Growth, thermal and polarized spectral properties of Er^{3+}-doped $Li_3Ba_2La_3(MoO_4)_8$ crystal[J]. Opt Mater, 2010, 33: 36-41.

[56] Song M J, Zhao W, Wang G F, et al. Growth, thermal and polarized spectral properties of Nd^{3+}-doped $Li_3Ba_2Gd_3(MoO_4)_8$ crystal[J]. J Alloys Compd, 2011, 509: 2164-2169.

[57] Song M J, Wang L T, Zhao M L, et al. Optical spectroscopy, 1.5 μm emission and up-conversion properties of Er^{3+}-doped $Li_3Ba_2Gd_3(MoO_4)_8$ crystal[J]. J Lumin, 2011, 131: 1571-1576.

[58] Song M J, Wang L T, Zhao W, et al. Growth and spectroscopic properties of Er^{3+}-doped $Li_3Ba_2Y_3(MoO_4)_8$ crystal[J]. Mater Sci Engin B-Adv Funct Solid-State Mater, 2011, 176: 810-815.

[59] Song M J, Zhao W, Wang G F. Growth and spectroscopic investigations of disordered $Li_3Ba_2Yb_3(MoO_4)_8$ crystal[J]. Opt Mater, 2012, 34: 1558-1562.

[60] Song M J, Zhang L Z, Wang G F. Growth and spectroscopic investigation of disordered Nd^{3+}: $Li_3Ba_2La_3(MoO_4)_8$ crystal[J]. Chin J Struct Chem, 2013, 32: 730-738.

[61] Li L Y, Wang G J, Huang Y S, et al. Growth and spectral properties of $NaNd(MoO_4)_2$ crystal[J]. Mater Res Innov, 2011, 15: 279-282.

[62] Yu Y, Zhang L Z, Huang Y S, et al. Growth. Crystal structure, spectral properties and laser performance of Yb^{3+}: $NaLu(MoO_4)_2$ crystal[J]. Laser Phys, 2013, 23: 105807.

[63] Zhang L Z, Li L Y, Huang Y S, et al. Growth, spectral property and crystal field analysis of Cr^{3+}-doped $Na_2Mg_5(MoO_4)_6$ crystal[J]. Opt Mater, 2015, 49: 75-78.

[64] Li L Y, Huang Y S, Zhang L Z, et al. Growth, mechanical, thermal and spectral properties of Cr^{3+}: $MgMoO_4$ crystal[J]. PLoS One, 2012, 7: e30327.

[65] Yu Y, Huang Y S, Zhang L Z, et al. Growth and spectral assessment of Yb^{3+}-doped $KBaGd(MoO_4)_3$ crystal: a candidate for ultrashort pulse and tunable lasers[J]. PLoS One, 2013, 8: e54450.

[66] Wang G J, Long X F, Han X M, et al. Growth and optical properties of Cr^{3+}: $KAl(MoO_4)_2$ crystal[J]. Mater Lett, 2007, 61: 3886-3889.

[67] Wang G J, Long X F, Zhang L Z, et al. Growth and thermal properties of Cr^{3+}: $KAl(MoO_4)_2$ crystal[J]. J Cryst Growth, 2008, 310: 624-628.

[68] Wang G J, Huang Y S, Zhang L Z, et al. Growth, structure and optical properties of Cr^{3+}: $K_{0.6}(Mg_{0.3}Sc_{0.7})_2(MoO_4)_3$ crystal[J]. Cryst Growth Des, 2011, 11: 3895-3899.

[69] Wang G J, Zhang L Z, Lin Z B, et al. Growth and spectroscopic characteristics of Cr^{3+}: $CsAl(MoO_4)_2$ crystal[J]. J Alloy Compd, 2010, 489: 293-296.

[70] Eriksson L, Johansson E, Wikström C. Mixture design-design generation, PLS analysis, and model usage[J]. Chem & Intel Labor Sys, 1998, 43: 1-24.

[71] Pires F Q, Angelo T, Silva J K R, et al. Use of mixture design in drug-excipient compatibility determinations: thymol nanoparticles case study[J]. J Pharmac Biom Anal, 2017, 137: 196-203.

[72] 王娜, 仪慧兰. 混料设计优化功能性小米早餐粉的配方[J]. 山西大学学报（自然科学版）, 2017, 40: 169-174.

[73] 胡滨, 陈一资, 刘爱平, 等. 混料设计优化水酶法提取西瓜籽油的工艺研究[J]. 中国油脂, 2016, 41: 3-8.

[74] Sheng Y, Li H, Guo P, et al. Effect of fibers on mixture design of stone matrix asphalt[J]. Appl Sci, 2017, 7: 297.

[75] Li L, Lin Y, Zhang L, et al. Flux exploration, growth, and optical spectroscopic properties of large size $LaBSiO_5$ and Eu^{3+}-substituted $LaBSiO_5$ crystals[J]. Cryst Growth Des, 2017, 17: 6541-6549.

[76] 林燕萍. 激活离子掺杂 $LaBSiO_5$ 和 $LaBWO_6$ 晶体的生长及其光谱学性能的研究[D]. 福州: 福州大学, 2020.

第5章　水热法晶体生长技术

　　水热法（hydrothermal method）晶体生长是一种在高温高压下的热溶液中进行结晶的方法，有着悠久的历史[1]，与常压下水溶液法和高温溶液法（助熔剂法）一起组成溶液生长法的主体。它始于19世纪中叶地质学家们模拟自然界的成矿作用，研究地球化学相平衡和矿物合成及其成因。1845年Schafhäutl观察到石英晶体在硅酸中的消化现象[1]，采用厚壁玻璃管来盛装高温高压液体，制备出碳酸锶和碳酸钡小晶体，接着采用水热法合成生长了许多材料，如氧化物、碳酸盐、氟化物、硫酸盐和硫化物的小晶体等，在这段时间里水热合成法一直是活跃的研究对象。1905年意大利科学家Spezia[2]首先采用水热法生长出石英晶体，被认为是水热晶体生长的划时代成就，接着1930年德国科学家采用水热法合成出第一块祖母绿晶体。由于水热法生长祖母绿晶体的生长机理与天然祖母绿相似，水热法生长的祖母绿晶体可与天然祖母绿相媲美，从而受到人们的青睐。与助熔剂法、焰熔法生长方法相比，水热法生长宝石类晶体更具优越性，因此常用于生长高档的祖母绿、红宝石和蓝宝石等宝石。除此之外，目前水热法还广泛应用于高质量的KTP、ZnO等光电子晶体材料的生长。

5.1　水热法晶体生长技术的基本原理[3-5]

　　水热条件下的晶体生长需使用特殊设计的高压釜装置，以水和矿化剂为溶剂，人为地创造一个高温高压环境。由于在高温高压下水和矿化剂的解离常数增大、黏度大大降低、水分子和离子的活动性增加，使那些在通常条件下不溶或难溶于水的物质的溶解度、水解程度得到极大的提高，从而快速反应合成新的产物。在高温下密闭的容器会有一定填充度的溶媒膨胀，充满整个容器，从而产生很大的压强，加速了晶体生长原料的溶解。此方法利用釜内上下部分的溶液之间存在的温度差，使釜内溶液产生强烈对流，从而将高温区的饱和溶液放入到带有籽晶的低温区，形成过饱和溶液。水热条件下晶体生长包括以下几个步骤：①培养料在水热介质中溶解，以离子或分子团的形式进入溶液，即溶解阶段；②由于体系中存在十分有效的热对流及溶解区和生长区之间的浓度差，这些离子、分子或离子团被输送到生长区，即运动阶段；③离子、分子或离子团在生长界面吸收、分解与脱附；④吸附物质在界面上的运动；⑤结晶（③④⑤为结晶阶段）。水热法晶体生长实际上是从液相到固相的相变过程，即生长基元从周围环境中不断地通过界面进入晶格位置的过程。

5.2　水热结晶的物理化学性能

　　水是水热法晶体生长的主要溶剂，但在纯水中的溶解度低，需要加入适当的矿化剂，提高其溶解度。矿化剂泛指内生成矿作用中对成矿物质的传输起重要媒介作用的物质，在水热法晶体生长中能促进或控制结晶化合物的形成或反应，加入溶剂中的物质称为矿化剂，水热法晶体生长中采用的矿化剂一般分为五种类型：

　　（1）碱金属及铵的卤化物，如 NaCl；

　　（2）碱金属的氢氧化物，如 NaOH；

　　（3）弱酸与碱金属形成的盐，如 Na_2CO_3；

　　（4）酸类（区别于强酸，一般为无机酸），如 HCl；

　　（5）强酸。

　　其中碱金属的卤化物及氢氧化物是最为有效和广泛采用的矿化剂，矿化剂的化学性质和浓度影响物质在溶剂中的溶解度和生长速率。在高压和高温下，水既是溶剂又是矿化剂，因为水和矿化剂溶液的密度、黏滞度等性质在高温高压下发生了变化，所以了解高温高压下水和矿化剂溶液的物理化学性能是必要的。

5.2.1　高温高压下水的物理化学性能[6-12]

　　通常情况下，气体的黏滞度随温度升高而增大，液体则减小。因气体分子间距大，彼此较独立，温度升高增加了分子动能，但也增加了分子间的碰撞度，反而增加了气体动力黏度。而液体分子间距小，彼此间较为紧密，温度升高提高了分子动能，促进分子间流动，使液体动力增加，动力黏度减小。在加压的情况下，液体分子受到压缩，增大了液体水和矿化剂溶液的密度。在多数情况下，假设矿化剂溶液的性质与水的性质是类似的。图 5-1 示出水的黏滞度（η）与密度（ρ）和温度之间的关系，从图中可以看出，水的黏滞度随着水的密度增加而增加，随着温度升高而降低，当水的密度在大约 0.8 g/cm^3 时，黏滞度随温度变化很小。在水热晶体生长适宜的密度（0.7～0.9 g/cm^3）和通常使用的温度（300～500℃）范围内，矿化剂溶液的黏滞度在 9×10^{-4}～14×10^{-4}P 的范围内。

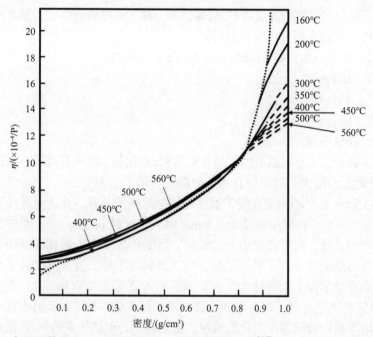

图 5-1 水的黏滞度（η）、密度（ρ）和温度之间的关系[6,7]（P，泊，1 P = 10^{-1} Pa·s）

根据溶液的介电常数可以判别溶液的极性大小。通常，相对介电常数大于 3.6 的物质为极性物质，相对介电常数在 2.8～3.6 范围内的物质为弱极性物质，相对介电常数小于 2.8 的物质为非极性物质。在常温常压下，水的介电常数 $\varepsilon \approx 80$，在高温高压下水的介电常数发生了变化，图 5-2 示出水的介电常数 ε 随温度和压强的

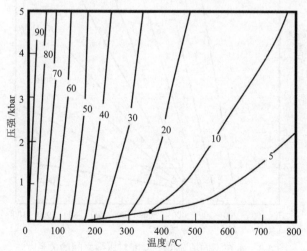

图 5-2 水的介电常数（ε）随温度和压强的变化关系[8,9]（1 bar = 10^5 Pa）

变化关系，图中的曲线为介电常数ε的等值线，对于水热法晶体生长通常的温度和压强范围内，我们发现介电常数ε分别为

300℃，25 kpsi（1 psi = 6.89476×10^3 Pa），$\varepsilon \approx 28$；

300℃，10 kpsi，$\varepsilon \approx 25$；

500℃，25 kpsi，$\varepsilon \approx 12$；

500℃，10 kpsi，$\varepsilon \approx 5$；

25℃，环境压强，$\varepsilon \approx 80$。

由此可以看出，与室温下的水的介电常数ε相比较，在高温高压下水的介电常数ε随压强增大而增大，随温度升高反而降低，但仍然大于5。

图 5-3 示出水在不同填充度下温度与压强之间的关系。在高温高压下，水的临界温度是 374℃，临界压强是 217 atm，临界密度是 0.32 g/cm³。图中32%是高压釜的临界填充度，当填充度小于32%时，温度升高时，气-液相的界面稍微开始上升，随着温度继续上升至某一值时，液面就转而下降，直至温度升至水的临界温度，液相完全消失，全部转为气相。如果初始填充度大于32%时，温度升高，气-液相界面就迅速升高，直至容器全部被液相所充满。图 5-4 示出水在不同填充度下，液相体积分数随温度变化的情况。由此说明，水热体系的气-液相界面的高度变化不仅与温度有关，而且与初始填充度有关。

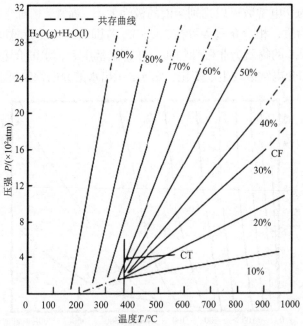

图 5-3　水在不同填充度下温度与压强之间的关系[10]

CF：临界填充度，critical filling degree；CT：临界温度，critical temperature

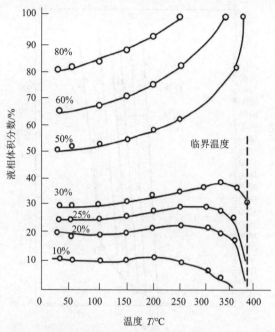

图 5-4　水在不同填充度下液相体积分数与温度的关系[11]

5.2.2　水热系统中的压强-体积-温度特性

在常温下，一些物质在水中是微溶的或不溶于水的，但在高温高压下水的物理化学性能发生了变化，处于过热状态下的水，能够使原先常温下微溶的或不溶于水的物质溶解并结晶出来，但其溶解度往往仍不能满足正常的晶体生长，需要在体系中加入一定量的矿化剂，促进其溶解。例如，在 SiO_2-H_2O 的水热体系中，SiO_2 在水中的溶解度是很小的，所以需要加入 NaOH 矿化剂，增加 SiO_2 的溶解度。在水热反应中，参与的各个物理化学参量最终反映在温度与压强上，与压强和系统内的体积（填充度）有关。因此，水热法晶体生长的条件与该晶体所处的水热体系中压强-体积-温度(P-V-T)有密切联系。Kolb 等研究了 SiO_2 溶解在 H_2O-1.0 mol NaOH 溶剂中时溶液的 P-V-T 特性，图 5-5 和图 5-6 分别示出石英溶解于 1.0 mol/L NaOH 饱和溶液中时在低压区和高压区不同填充度下的 P-T 特性，图中 A-B 是气-液共存线，图中注明的填充度是以室温下装釜时初始容积与高压釜内的有效容积之比来计算的。从图中可以看出，压强随着填充度与温度的提高而提高，对于每一个填充度值（f)，当升温至相应值时，溶液压强就偏离了 A-B 共存线，与温度呈线性变化关系，当填充度不变时，P-T 曲线的斜率 $\left(\dfrac{\delta P}{\delta T}\right)\%f$ 不变，每条直线的斜率随着填充度的增加而增加。

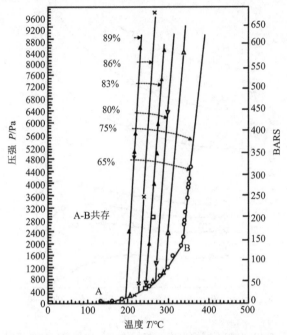

图 5-5 在低压区石英在 1.0 mol/L NaOH 饱和溶液中不同填充度下的 *P-T* 特性[12]

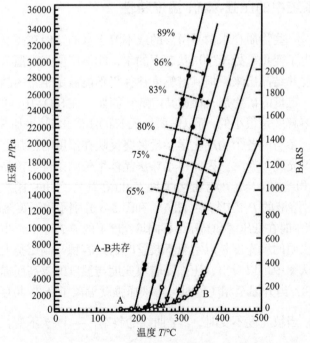

图 5-6 在高压区石英在 1.0 mol/L NaOH 饱和溶液中不同填充度下的 *P-T* 特性[12]

　　实际上，图 5-5 中 A-B 共存线还可以用 1.0 mol NaOH+SiO$_2$ 饱和溶液的温度与初始填充度的关系来表示，如图 5-7 所示。图 5-5 和图 5-6 也可以用不同填充度与压强的关系来表示，如图 5-8 所示，这些曲线的斜率不是常数。

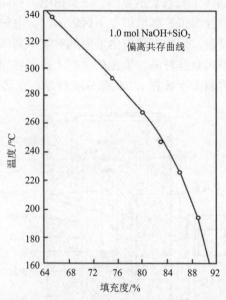

图 5-7　1.0 mol NaOH+SiO$_2$ 饱和溶液的温度与初始填充度的关系[12]

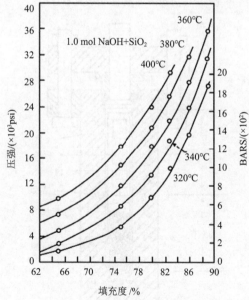

图 5-8　1.0 mol NaOH+SiO$_2$ 饱和溶液不同温度下填充度与压强的关系[12]

5.3　水热法晶体生长装置

　　图 5-9 为水热法晶体生长装置示意图，主要由电炉和高压釜两部分组成。电炉通过电炉丝加热，由控温仪控制电炉上下区的温度，电炉下半部的温度高于上半部的温度，形成温度差，促成高压釜内溶液的对流。高压釜是水热法晶体生长的主要装置，在高压釜内悬挂籽晶，填充矿化剂（通常将加入矿化剂后的水溶液统称为矿化剂）和培养料（生长料），如图 5-10 所示。水热法晶体生长采用的高

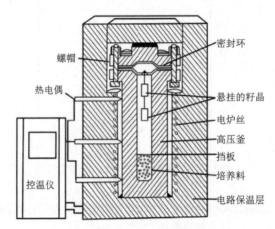

图 5-9　水热法晶体生长装置示意图

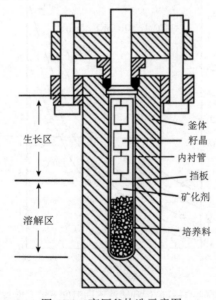

图 5-10　高压釜构造示意图

压釜由钢制材料制作，一般可承受 1100℃的温度和 1 GPa 的压强，高压釜具有一定潜在的爆炸危险，需要可靠的密封系统和防爆装置。高压釜的直径与高度比有一定的要求。例如，对内径为 100～120 mm 的高压釜来说，内径与高度比以 1∶16 为宜，高度太小或太大都不便于控制温度的分布。当温度和压强较高，内部装有酸、碱性的强腐蚀性溶液时，在高压釜内要装有耐腐蚀的贵金属内衬，如铂金或黄金内衬，以防矿化剂与釜体材料发生反应。

5.4　水热法晶体生长技术的工艺过程

水热法晶体生长一般工艺流程包括四个阶段：①准备阶段；②装釜阶段；③生长阶段；④开釜阶段，整个工艺流程如图 5-11 所示。

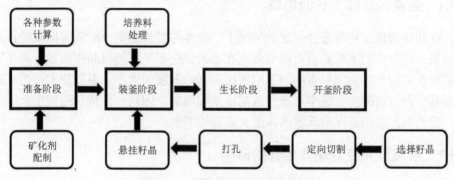

图 5-11　晶体生长工艺流程示意图

（1）准备阶段：包括矿化剂的配制、籽晶的选择和切割、培养料、对流挡板、高压釜自由空间体积和填充度计算，以及密封环、加热和测温系统的检查。

晶体生长所需的培养料为碎块培养料，一般有三种来源：①源自助熔剂方法和焰熔法等生长方法得到的晶体材料作为培养料。例如，红宝石晶体生长采用焰熔法生长的晶体作为培养料[13]；非线性光学 KTP 晶体生长采用助熔剂法生长的晶体作为培养料[14]。②源自天然晶体。例如，玫瑰色人工水晶生长时采用大块玫瑰晶体碎片作为培养料[15]。③高温固相合成方法，对于一些新的材料还可以按照化学计量比分配原料，采用高温固相合成方法烧结成块状培养料。无论是哪种来源的培养料都要求有高的纯度，纯度要求在 99.9%以上，培养料应有足够的数量和线度以供生长时的要求。

最初生长用的籽晶可以从提拉法、焰熔法和助熔剂法生长晶体中切取，籽晶要求无宏观缺陷、位错密度低。根据晶体生长习性对籽晶进行定向。例如，采用（001）面的 KTP 籽晶生长出令人满意的 KTP 晶体[16]。籽晶也可以采用异质同构体的晶体作为籽晶（准晶），如采用 $AlPO_4$ 作为籽晶生长 $GaPO_4$ 晶体[17]。

（2）装釜阶段：将培养料装入高压釜内，放入籽晶架，倒入矿化剂，测定溶液的高度，安装密封圈，密封高压釜，然后将高压釜装入加热炉子内，安插好热电偶。

（3）生长阶段：加热炉加热升温，将高压釜升温至预定温度，并调节溶解区和生长区的温差，保持温度的稳定性。生长结束，降至室温并将高压釜从加热炉中取出。

（4）开釜阶段：当釜体温度降至室温后，便可开釜取出晶体，倒出剩余的溶液和培养料，对生长好的晶体和高压釜进行检查和清洗。

5.5　影响水热法晶体生长的因素

5.5.1　温度对晶体生长的影响

在其他物理、化学条件恒定的情况下，晶体的生长速率一般随着温度的提高而加快，但过高的生长温度可能导致饱和溶液供应不足而影响晶体质量。高压釜内溶解区和生长区的温差影响溶液对流速度和饱和度的大小，温差越大，生长速率越高，但过高的生长速率可能导致晶体缺陷增加。因此，保持合适的生长温度和一定的温差是生长出高质量晶体至关重要的因素。

5.5.2　溶液填充度对晶体生长的影响

图 5-3 表明高压釜中水的临界填充度为 32%，在初始填充度小于 32%的情况下，当温度升高时，气-液相的界面上升，随着温度继续上升到一定温度时，界面就转而下降，直到 374℃时液相完全消失。如果初始填充度大于 32%，温度高于临界温度时，气-液相界面就升高，直至容器全部被液相充满。这说明系统的气-液相界面高度的变化不仅与温度有关，而且随初始填充度不同而异，可通过提高填充度来增大压强，使得溶解度提高，加快溶质质量的传输，提高晶体生长速率。

5.5.3　溶液浓度对晶体生长的影响

合适的矿化剂浓度能使结晶物质有较大的溶解度和足够大的溶解度温度系数，提高晶体的生长速率。但浓度的加大也有一定的限度，过高的矿化剂浓度使溶液的黏滞度增加，到一定程度将影响溶质的对流，不利于晶体的生长。

5.5.4　培养料的溶解表面积与籽晶生长表面积之比对晶体生长速率的影响

培养料的溶解表面积与籽晶生长表面积之比将影响晶体的生长速率。首先培养料应有足够的数量和线度以供生长时的需要，在相同的生长参数下，釜内籽晶挂少的晶体生长速率大于籽晶挂多的晶体生长速率。随着晶体生长的进程，培养料的溶解表面积与籽晶生长表面积之比发生了变化，晶体的生长速率也可能发生变化。通常是随着晶体生长面积增大，生长速率减小，此时可通过增大溶解区和生长区的温差来补偿。另一种情况是，随着晶体的长大，某一快速生长的晶面逐渐收缩，虽然培养料的溶解表面积减小了，但对整个晶体的生长速率影响不大。

5.5.5　溶液 pH 对晶体生长的影响

改变溶液的 pH 不但可以影响溶质的溶解度，还影响晶体的生长速率，更重要的是改变了溶液中生长基元的结构、形状、大小和开始结晶的温度。

5.5.6　对流挡板对晶体生长的影响

高压釜中的挡板将高压釜的溶液区和生长区分隔开，起着调节生长系统中溶液对流或质量传输状态的作用。它不仅可以增加生长区和溶液区的温差，提高晶体的生长速率，还能使整个生长区达到均匀的质量传输状态，使生长区的上下晶体的生长速率接近。

对流挡板的开孔率大小影响溶解区和生长区之间的温度变化，因而影响晶体的生长速率。开孔率大，生长速率减小；开孔率小，生长速率增大。开孔率大小取决于高压釜的口径，一般来说，小口径高压釜的对流挡板的开孔率为10%～12%，大口径高压釜的对流挡板的开孔率为5%～7%。图 5-12 表明人造水晶生长时对流挡板的开孔率、温差和加热功率之间的关系[18]。

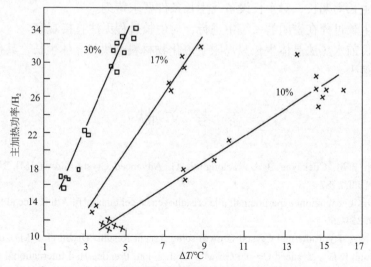

图 5-12　在 345℃生长温区不同开孔率的对流挡板时加热功率与温差的关系[18]

　　从图 5-12 可以看出：①小开孔率的对流挡板有利于拉开溶解区和生长区之间的温差。②开孔率大的对流挡板，需要更大的加热功率。由于当开孔率增大时，加大了溶液区域生长区之间热溶液交换，能量交换也随之增加，需要更大的功率以维持一定的温差。③温差随着加热功率的增大呈线性增大。

　　由于对流挡板起着调节温差的作用，高压釜内形成一个良好的对流环境，促使溶质向晶体-溶液界面迁移、扩散，进而达到均匀的质量传输状态，使生长区的上下晶体的生长速率接近。

5.6　水热法晶体生长技术的优缺点

5.6.1　水热法晶体生长技术的优点

　　（1）水热法既可用于生长各种大的晶体，又可用于制备超细、无团聚或少团聚、结晶完好的粉末（微晶）材料。

　　（2）适合生长熔点高、具有包晶反应或非同成分熔化化合物，而且在常温下不溶解于各种溶剂或溶解后即分解，不能再结晶的晶体材料。

　　（3）水热法合成的晶体具有纯度高、缺陷少、热应力小、质量好等优点。

　　（4）水热法晶体生长可以使晶体在非受限的条件下充分生长，可以生长出形态各异、结晶完好的晶体。

5.6.2　水热法晶体生长技术的缺点

　　（1）生长周期长，对生长设备及生长条件要求苛刻。

　　（2）生长过程在密闭的系统中进行，对生长过程无法直接观察。

　　（3）目前水热法晶体生长只局限于氧化物材料的块状晶体生长，其他非氧化物材料还很少。

参 考 文 献

[1] Dryburgh P M, Cockayne B, Barraclough K G. Advanced Crystal Growth[M]. New York: Prentice Hall, 1987.

[2] Spezia G. Contribuzioni experimentali alla cristallogenesi del quarzo[J]. Atti R Accad Sci Torino, 1905, 40: 254-259.

[3] Laudise R A. Hydrothermal Crystal Growth-some Recent Results//Dryburgh P M, Cockayne B, Barraclough K G. Advanced Crystal Growth[M]. London: Prentice Hall International (UK) Ltd., 1987.

[4] 刘菊. 水热法人工晶体生长的原理及应用[J]. 天津化工, 2010, 24: 61-62.

[5] 经和贞, 贾寿泉. 水热法生长晶体//张克从, 张乐潓. 晶体生长科学与技术 [M]. 北京: 科学出版社, 1997.

[6] Franck E U. Survey of selected non-thermodynamic properties and chemical phenomena of fluids and fluid mixtures[J]. Phys Chem Earth, 1981, 13/14: 65-88.

[7] Dudziak K H, Frank E U. Messungen der viskositat des wassers bis 560℃ und 3500 bar[J]. Ber Bunsenger, Physical Chem, 1966, 70: 113-117.

[8] Helgeson H C, Kirkham D H. Theoretical prediction of thermodynamic behavior of aqueous electrolytes at high pressures and temperatures 1. Summary of thermodynamic-electrostatic properties of solvent[J]. Amer J Sci, 1974, 274: 1089-1094.

[9] Quist A S, Marshall W L. Electrical conductance of aqueous sodium chloride solutions from 0 to 800℃ and at pressures to 4000 bars[J]. J Phys Chem, 1968, 72: 684-689.

[10] Kennedy G C. Pressure volume temperatures relations in water at elevated temperatures and pressures[J]. Am J Sci, 1950, 248: 540-564.

[11] Laudise R A, Nielsen J W. Hydrothermal Crystal Growth[J]. Solid State Physics, 1961, 12: 149-222.

[12] Kolb E D, Key P L, Laudies R A, et al. Pressure volume temperature behavior in the system H_2O-NaOH-SiO_2 and its relationship to the hydrothermal growth of quartz[J]. Bell Sys Tech J, 1983, 61: 639-656.

[13] 姜彦岛, 贾寿泉, 蒋德华, 等. 水热法培育刚玉单晶体[J]. 中国科学技术大学学报, 1965, 2: 243-247.

[14] Jia S Q, Niu H D, Tan J G, et al. Hydrothermal growth of KTP crystal in the medium range of temperature and pressure[J]. J Cryst Growth, 1990, 99: 900-904.

[15] Hosaka M, Misata T, Shimuzu Y, et al. Synthesis of rose-quartz crystal[J]. J Cryst Growth, 1986, 78: 561-562.

[16] Zhang C L, Huang L X, Zhou W N, et al. Growth of KTP crystals with high damage threshold by hydrothermal method[J]. J Cryst Growth, 2006, 292: 364-367.

[17] Philippot E, Ibanez A, Geiffon A, et al. New approach of crystal growth and characterization of a quartz and berlinite isomorph $GaPO_4$[J]. Proc 1992 IEEE Freq Contr Symp, 1992: 744-752.

[18] Klipov V A, Shmakov N N. Influence of convective flows on the growth of synthetic quartz crystals[J]. Proc 45th Ann Freq Contr Symp, 1991: 29-36.

第6章　焰熔法晶体生长技术

　　焰熔法（flame fusion method），又称维纽尔法（Verneuil method），是第一个从熔体中生长晶体的方法。在18世纪末之前的时间里，化学家在实验室里一直进行着化学结晶实验，而且重要的商业产品（如盐和糖）也都是通过大量结晶制造出来的。这期间所有生产晶体的尝试都是基于这样的假设，即晶体只能从溶液中生长。一直到1798年，地质学家进行了一系列玄武岩的熔化和冷却的关键实验，最终证明了可以从缓慢冷却的熔体中产生晶体。1885年，弗雷米（E. Fremy）、弗尔（E. Feil）和乌泽（Wyse）等利用氢氧火焰熔化天然红宝石粉和重铬酸钾制备出当时轰动一时的"日内瓦红宝石"。1902年法国化学家维纽尔（Verneuil）在此基础上发明了用于商业生产合成红宝石和蓝宝石的焰熔法，开启了现代工业晶体生产[1]。应用此工艺技术生产了大量用于珠宝的大宝石，以及数以百万计的用于时钟、手表和仪表轴承的小宝石。在1946年之前，焰熔法仅能生长红宝石和蓝宝石这两种宝石，到1946年后，采用焰熔法可以生长出100多种材料的单晶。焰熔法作为现代晶体生长的基础仍被广泛地使用，目前焰熔法仍然广泛地用于大规模的红宝石、蓝宝石、尖晶石、金红石及人造钛酸锶等多种人工宝石的生产。

6.1　焰熔法晶体生长的基本原理

　　焰熔法是一种从熔体中生长单晶体的方法，利用氢及氧气在燃烧过程中产生高温，将配制好的原料细粉从管口漏下，使原料的粉末均匀喷洒在氢氧焰中，在高温的氢氧火焰中熔融后，再滴落冷凝结晶于籽晶上，逐渐固结生长形成晶体，生长过程中其底座下降并旋转，以确保其熔融表面有适宜的温度逐层生长晶体[2]。

6.2　焰熔法晶体生长装置

　　焰熔法晶体生长装置主要由原料供应系统、燃烧系统和生长系统组成，如图6-1所示。

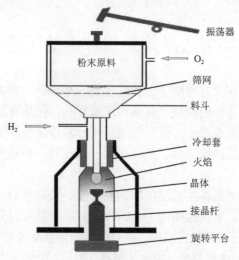

图 6-1　焰熔法晶体生长示意图

6.2.1　原料供应系统

供料系统主要由料筒和振动装置组成：①料筒用来装放已经研磨过的充分拌匀的粉末原料，料筒底部有细筛网，并与振动装置连接；②振动装置驱动料筒不断地抖动，使粉末原料少量、等量、均匀地从筛孔漏出。

6.2.2　燃烧系统

燃烧系统由供气管和冷却套组成：①氧气管放置于料筒一侧，与原料粉末一同下降和释放。氢气在火焰上方喷嘴处与氧气混合燃烧，通过控制管内流量来控制氢氧比例。例如，当 $O_2 : H_2 = 1 : 3$ 时，氢氧燃烧温度可达 2500℃。在 O_2 和 H_2 的流量分别为 6 L/min 和 20 L/min 条件下炉膛中心最高温度可达 3504.3 K[3]。②吹管至喷嘴处有一冷却水套，保证火焰以上的氧气管不被熔化，使 H_2 和 O_2 处于正常供气状态。

6.2.3　晶体生长系统

晶体生长系统由炉体和旋转平台组成，如图 6-1 所示。①炉体由耐火材料围砌成保温炉，保持燃烧温度、晶体生长温度及炉膛的温度梯度，在上部有一观察孔，可了解晶体生长情况。当落下的原料粉末经过氢氧火焰熔融，并滴落在旋转平台上的种晶棒上，逐渐长成一个晶棒（梨晶）。②旋转平台上安置籽晶棒，边旋转、边下降。落下的熔滴与籽晶棒接触接晶后，通过控制旋转平台扩大晶种的生长直径，即扩肩。然后，旋转平台以均匀的速度边旋转边下降，使晶体得以等径生长。

6.3　焰熔法晶体生长技术的工艺过程

（1）接晶阶段。在无籽情况下，首先生长一根细的小单晶棒，拉出的晶种的结晶好坏直接影响到晶体的质量。或选用优质籽晶，籽晶通常与 c 轴成 60° 夹角切成 3～4 cm 的长方柱或圆柱，落下的熔滴与籽晶棒接触，称为接晶。

（2）扩肩阶段。接晶成功后，旋转平台一边旋转，一边提高炉温，扩大晶种的生长直径。

（3）等径阶段。当晶体生长至所需的尺寸后，旋转平台一边旋转，一边匀速下降，开始等径生长，生长速率约为 1 cm/h，几小时就可以完成晶体生长。

（4）收肩阶段。等径阶段完成后，通过收缩晶体顶部尺寸，获得最终产品的阶段，生长出的晶体形状类似梨形，故称为梨晶，图 6-2 为焰熔法生长的红宝石晶体。

（5）退火阶段。为消除晶体的热应力及空位缺陷，生长出的晶体必须在熔点附近保温一段时间，然后降温进行退火。

图 6-2　焰熔法生长的红宝石晶体（梨晶）

6.4　焰熔法晶体生长技术的优缺点与晶体缺陷

1. 焰熔法晶体生长技术的优点

（1）生产设备简单，单晶生长不需要坩埚，适合规模化的工业生产。

（2）氢氧焰燃烧温度可达 2800℃，可生长熔点极高的单晶体。

（3）生长速率快，短时间内可以生产出较大尺寸的晶体。

（4）生长过程可观察。

2. 焰熔法晶体生长技术的缺点

（1）火焰中的温度梯度较大，生长出来的晶体质量欠佳。

（2）因为热源是燃烧着的气体，故温度不可能控制得很稳定。

（3）生长出的晶体位错密度较高，内应力也较大。

（4）对粉料纯度和颗粒度要求高，原材料的成本高。

（5）此方法不适宜用来生长易挥发或易被氧化的材料。

3. 晶体缺陷

由于焰熔法晶体生长速度快，氢氧焰温度梯度变化大，热源控制不稳定，因此生长出的晶体除了热应力大之外，还存在许多常见的缺陷，如生长纹、气泡和未熔化粉末的包裹体。图 6-3 示出焰熔法生长的红宝石晶体中常见的致密的生长纹和气泡，气泡一般是小圆珠状，或似蝌蚪状，单独或成片出现[4,5]。弯曲生长纹是合成红宝石的生长过程中，由于熔滴汇成的熔融层呈弧面状，并且逐层冷凝而造成的，因此晶体中可见致密的弧形生长纹。早期的合成红宝石弯曲生长纹非常清楚，但随着生产工艺水平的提高，生长纹也越来越不明显。图 6-4 示出焰熔法生长的蓝宝石晶体中常见的生长纹和未熔化粉末的包裹体[4,5]。

因此，以下几个方面成为生长优质晶体的关键因素：

（1）粉末原料的纯度和颗粒度均匀性；

（2）选用优质的籽晶，避免引入先天性的缺陷；

（3）炉内温度要均匀，氢、氧气体比例要合适，气体的流量控制要稳定；

（4）火焰温度与晶体下降速度要协调。

图 6-3 含有气泡和生长纹的红宝石晶体[4,5]　图 6-4 含有包裹体和生长纹的蓝宝石晶体[4,5]

6.5 焰熔法晶体生长技术的主要应用领域

如 6.4 节所述，焰熔法生长的晶体因热源控制不稳定，导致晶体的热应力大、晶体缺陷多，一般不适用于要求高光学质量的光电子晶体材料的生长。但生长速度快，设备简单，适合规模化工业生长，因此焰熔法广泛应用于各类宝石的工业生产，全世界应用焰熔法合成人工宝石晶体每年超过 10 亿克拉。本节扼要介绍焰熔法技术在合成人工星光刚玉宝石方面的应用。

6.5.1　焰熔法在合成星光刚玉宝石方面的应用[6,7]

红宝石矿物名称为刚玉，刚玉的成分就是 Al_2O_3，人工合成的刚玉加入不同的致色剂后会呈现出不同的色彩绚丽的颜色，例如，加入 Cr 离子后呈红色，也就是我们通常所说的红宝石，加入 Fe、Ti 后呈蓝色，也就是我们通常所说的蓝宝石，表 6-1 列出合成刚玉宝石常用的致色剂。

表 6-1　合成刚玉宝石常用的致色剂

合成宝石晶体名称	致色剂
红宝石	Cr_2O_3，1%～3%
蓝宝石	Fe+Ti，0.3%～0.5%
黄色蓝宝石	Ni，Cr
紫色蓝宝石	Cr，Fe，Ti
变色蓝宝石	$Cr_2O_3+V_2O_3$，3%～4%
星光红宝石	Ti，0.1%～0.3%；Cr_2O_3，1%～3%
星光蓝宝石	$FeO+TiO_2$，0.3%～0.5%；TiO_2，0.1%～0.3%

但并不是所有焰熔法生长出来的晶体都是透明洁净的，有些宝石内部包裹体较多，晶体不通透，作为珠宝宝石在视觉效果上的影响是负面的，但在特定的情况下也可以转为正面的影响，被加以利用。在刚玉宝石内部有一种细小密集的纤维状包裹体（俗称金红石针）（图 6-5），当刚玉晶体结构与晶体中金红石针完美结合起来会产生一种星光效应，成为人们喜爱的高档宝石。在平行光线的照射下，由于可见光的折射和反射作用在某些珠宝宝石的弧面上会出现两条或两条以上交叉亮线的现象，称为星光效应。

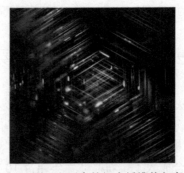

图 6-5　刚玉宝石中的细小纤维状包裹体

刚玉属三方晶系，晶形呈六方柱状[图 6-6（a）]，当在刚玉垂直结晶轴 Z 轴的平面内含有细小密集的纤维状金红石针，r_1、r_2 和 r_3 三个方向的金红石针相互之间相交成 60° 角[图 6-6（b）]，因此在垂直轴的平面内 r_1、r_2 和 r_3 三个方向的金红石针的排列可以抽象成一个等边三角形的三个边，而由它们形成的三条亮带可以抽象成等边三角形各边的垂直等分线[图 6-6（c）]。根据三角形的垂直平分线定理，这三条亮带必相交于一点，在加工完美的星光宝石中，此交点占据弧面形宝石的最高点，三条亮带相交后，则成为由交点发出的六条星线，随着光的转动，交点将做反方向转动。具有三组呈 60° 交角的细小针状包裹体（金红石针）时，会呈现六射星光。在极少见的情况下，刚玉中有六组互呈 30° 交角的针状包裹体，这时可能出现十二射星光。

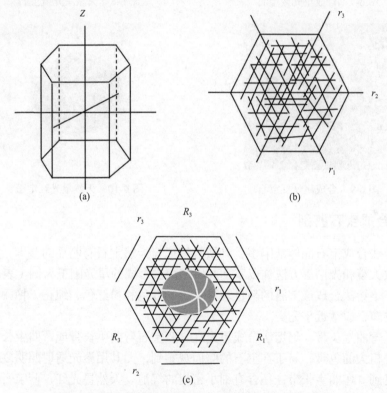

图 6-6　刚玉结构外形图和定向排列的金红石针示意图

能产生星光的宝石须含有一组或一组以上定向排列的包裹体或定向排列的内部结构，且弧面形宝石的底面与这些包裹体或结构所在平面平行，星光效应是宝石及宝石内定向纤维状包裹体和结构对可见光的折射和反射作用引起的。几乎所有有颜色的刚玉宝石加工后都具有星光效应，宝石弧面（台面）上出现星光，星光效应是刚玉晶体结构与晶体缺陷完美的结合结果，成为受人们喜爱的高档的宝石。图 6-7～图 6-10 分别是人工合成和天然星光蓝宝石和星光红宝石图。

图 6-7　合成星光蓝宝石　　　　　　　　图 6-8　　天然星光蓝宝石

图 6-9　合成星光红宝石　　　　　　　　图 6-10　　天然星光红宝石

6.5.2　合成宝石鉴别

　　焰熔法合成宝石晶体缺陷多，其缺陷特征与天然宝石有明显的差别，可以通过高倍放大镜和光谱等方法加以鉴别。以焰熔法合成的星光刚玉为例（表 6-2）：

　　（1）焰熔法合成红宝石的颜色最常见为鲜红色和粉红色，纯正、艳丽，而且透明、洁净，通常近乎完美。

　　（2）弯曲生长带：焰熔法合成星光红、蓝宝石弯曲生长带或弯曲生长线相当明显，呈粗大的色带，易于在宝石的侧面观察到，尤其用聚光透射照明之下，肉眼即可见到。弯曲生长带往往含有细小密集的气泡。天然星光红、蓝宝石也常见色带，但色带是平直的或带弯角的。

　　（3）金红石针：焰熔法合成的星光红、蓝宝石的金红石针相当细小，而且密集，如同白色纤维，要在高倍放大（40 倍以上）下，才能观察到。而天然星光红、蓝宝石中的金红石针则较粗大，在放大条件下一般能清楚地分辨出金红石针的形态。

　　（4）星线特征：焰熔法合成星光红、蓝宝石的星线细长、清晰、完整，贯穿整个弧面型宝石表面，而天然星光红、蓝宝石的星线通常较粗，从中心向外逐渐变细，星光中部显示一团光斑，俗称宝光。

表 6-2 合成星光刚玉宝石与天然星光刚玉的肉眼鉴别

	合成星光刚玉宝石	天然星光刚玉宝石
外观和色彩	焰熔法合成的宝石原始晶形为梨形，颜色纯正、艳丽，而且透明、洁净、近乎完美	一定的几何多面体，颜色不十分纯正、透明
主要缺陷及特征	气泡和未熔粉末的包裹体，气泡小而圆，或似蝌蚪状，可单独或成群出现；金红石针极其微小，难以辨别；色带明显弯曲	气、液包裹体，呈指纹状；金红石针较粗，容易识别；色带呈直角状或六角状
星光带外观特征	星光浮于晶体表面，星光较呆板，星线直、匀细、连续，星线相交的地方非常锐利，晶体中心无星光（图 6-7 和图 6-9）	星光发自晶体内部深处，星线呈中间粗、两端细的原因是内部包裹体发育不一致，但星光表现得自然、灵活，晶体中心有星光（图 6-8 和图 6-10）

参 考 文 献

[1] Verneuil A. The artifical production of the rube by fusion[J]. Compt Rend, 1902, 135: 791-794.

[2] Reiss F A. Growth problems of Sapphire and Ruby of optical quality[J]. Appl Opt, 1966, 5: 1902-1905.

[3] 刘旭东, 毕孝国, 唐坚, 等. 焰熔法制备单晶体生长室内的燃烧特性[J]. 材料研究学报, 2015, 29: 394-400.

[4] Viti C, Ferrari M. The nature of Ti-rich inclusions responsible for asterism in Verneuil-grown corundums[J]. Eur J Mineral , 2006, 18: 823-834.

[5] Schmetzer K, Albert Gilg H, Bernhardt H J. Synthetic star Sapphires and Rubies produced by Wiede's Carbidwerk, Freyung, Germany[J]. Gems Gemol, 2017, 53: 312-324.

[6] Zeitner J C. 宝石的星光学研究[J]. 国外非金属矿与宝石, 1989, 12: 41-43.

[7] Kojvula J I, Kammerling R C. Kyocera 新型合成星光红宝石的宝石学性质[J]. 国外非金属矿与宝石, 1989, 12: 38-40.

第7章 提拉法晶体生长技术

1917 年，Czochralski[1]发明了一种可以直接从熔体中生长晶体的方法，称为提拉法[crystal pulling method，曾称柴可拉斯基法（Czochralski method）]。通常当结晶固体的温度高于熔点时，固体熔化为熔体，当熔体的温度低于凝固点时，熔体就会凝固成结晶固体，在提拉法晶体生长过程中只涉及液-固相转变过程。提拉法与其他生长晶体的方法相比较，它的最大优点在于生长速度快、晶体的纯度和完整性高，是目前制备大尺寸高质量单晶和特殊形状单晶最常用和最重要的一种方法，广泛应用于工业化生产，许多重要的广泛应用的晶体，如 Nd: YAG、Nd: YVO$_4$、Si 等都是由提拉法生长的。

7.1 提拉法晶体生长技术的热力学基础

7.1.1 提拉法晶体生长技术基本原理

当一个结晶固体的温度高于熔点时，固体就熔化为熔体，当熔体的温度低于凝固点时，熔体就凝固成固体（通常是多晶体）。提拉法晶体生长是将构成晶体的原料放在坩埚中加热熔化，籽晶接触熔体表面后，将籽晶向上缓慢提拉，在受控条件下，使籽晶和熔体在交界面上不断进行原子或分子的重新排列，随着降温逐渐凝固而生长出单晶体。提拉法晶体生长是典型的液相-固相转变过程，在这个过程中，原来的原子或分子由随机堆积的陈列直接转变为有序陈列，这种从无对称性结构到有对称性结构的转变不是一个整体效应，而是通过固-液界面的移动而逐渐完成的，并释放出相变潜热。在晶体生长过程中，为保证晶体生长顺利进行，涉及结晶过程驱动力、热量的输运问题、热对流及晶体中温度分布，它直接影响晶体生长参数、生长界面形态和晶体的完整性。

7.1.2 结晶过程的驱动力

结晶过程是一个物理化学过程，此过程是在近似等温等压下进行的，它能否自发进行取决于体系的吉布斯自由能 G 的变化。当体系自由能 $\Delta G < 0$ 时，过程自发进行，当体系自由能 $\Delta G = 0$ 时，其过程处于平衡状态，过程是可逆的，可以

是结晶，也可以是熔化。一般来说，温度在固体的熔点以上时物质为液态，液态的吉布斯自由能 G_L 比固态的吉布斯自由能 G_S 低，所以液态处于稳定状态。在固体的熔点以下，固态的吉布斯自由能 G_S 比液态的吉布斯自由能 G_L 低，固态稳定，所以液态会自动向固态结晶自发进行。

图 7-1 示出晶态物质的吉布斯自由能 G 与温度 T 的关系。当温度高于晶体的熔点 T_M 时，液态吉布斯自由能 G_L 小于固态吉布斯自由能 G_S，即 $G_L < G_S$，

$$G_L - G_S = \Delta G < 0 \tag{7-1}$$

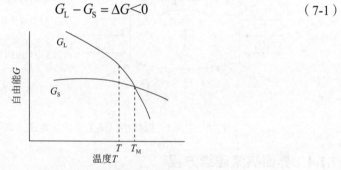

图 7-1　晶态物质的自由能与温度的关系

温度升高，固体的熔化过程是自发过程，固体不断地熔化。反之，当温度低于熔点时，液态的吉布斯自由能 G_L 大于固态的吉布斯自由能 G_S，即 $G_L > G_S$，

$$G_L - G_S = \Delta G > 0 \tag{7-2}$$

熔体的结晶过程是自发过程，熔体不断地结晶。当温度处于固态的熔点时，$G_L = G_S$，

$$G_L - G_S = \Delta G = 0 \tag{7-3}$$

此时，晶体的液态与固态处于平衡状态，晶体可能熔化也可能结晶，晶体处于固-液两相共存的平衡状态。

总之，只有温度 T 低于熔点 T_M 时，才能进行自发结晶过程，即只有 $T < T_M$ 时，ΔG 才能小于零。所以熔体过冷是自发结晶的必要条件，固、液两相之间吉布斯自由能的差值 $\Delta G < 0$ 是结晶过程的驱动力。

7.1.3　提拉法晶体生长技术的热传递方式

在晶体生长时，系统中产生的热除了加热器传给坩埚的热外，还有晶体生长时产生的相变潜热。这些热分别通过坩埚壁、熔体和晶体表面向外散热，而晶体生长过程产生的相变潜热则从固-液界面附近导走，如图 7-2 所示。

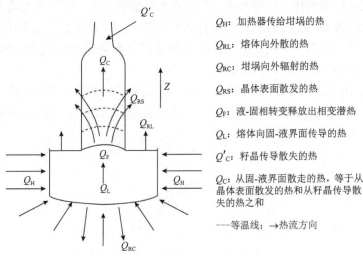

图 7-2　提拉法晶体生长的热传递方式

7.1.4　界面热流连续方程

在晶体生长时为保持稳态的晶体生长，生长过程中所释放的相变潜热，必须从固-液界面导走。若相变潜热由熔体导走，则意味着距固-液界面越远，熔体的温度越低，固-液界面就会变得不稳定。通常的情况下距固-液界面越远，熔体的温度越高，于是热量就由熔体通过界面而导入晶体。

假定固-液界面附近晶体和熔体的温度梯度分别为 $\left(\dfrac{dT}{dZ}\right)_S$ 和 $\left(\dfrac{dT}{dZ}\right)_L$ ，晶体和熔体的热导率分别为 K_S 和 K_L ，单位体积的材料结晶时所释放的潜热为 $\tilde{H}$ ，晶体沿 Z 方向的生长速率为 f 。那么，在单位时间内所释放的潜热 Q_F 为

$$Q_F = f \cdot A \cdot \tilde{H} \cdot d \tag{7-4}$$

式中，A 为晶体生长的截面积（生长界面）；f 为晶体生长速率；d 为晶体密度。

单位时间内由熔体导入界面的热量 Q_L 为

$$Q_L = K_L \left(\frac{dT}{dZ}\right)_L \cdot A \tag{7-5}$$

$$Q_C = K_S \left(\frac{dT}{dZ}\right)_S \cdot A \tag{7-6}$$

在稳态生长时，界面是等温的，且能量是守恒的，即

$$Q_L + Q_F = Q_C \tag{7-7}$$

将式（7-1）、式（7-2）和式（7-3）代入式（7-4）得

$$K_{\mathrm{L}}\left(\frac{\mathrm{d}T}{\mathrm{d}Z}\right)_{\mathrm{L}} \cdot A + f \cdot d \cdot A \cdot \tilde{H} = K_{\mathrm{S}}\left(\frac{\mathrm{d}T}{\mathrm{d}Z}\right)_{\mathrm{S}} \cdot A \qquad (7\text{-}8)$$

这就是界面的热流连续方程。

根据界面的热流连续方程式（7-8）可获得晶体生长速率 f：

$$f = \frac{K_{\mathrm{S}}\left(\dfrac{\mathrm{d}T}{\mathrm{d}Z}\right)_{\mathrm{S}} - K_{\mathrm{L}}\left(\dfrac{\mathrm{d}T}{\mathrm{d}Z}\right)_{\mathrm{L}}}{\tilde{H} \cdot d} \qquad (7\text{-}9)$$

式中，$\tilde{H}$ 表示晶体潜热；d 表示晶体密度；K_{S} 表示晶体热导率；K_{L} 表示熔热导率。当一个生长体系确定后，参数 K_{L}、K_{S}、d 和 $\tilde{H}$ 均为定值。那么晶体生长速率 f 只与 $(\mathrm{d}T/\mathrm{d}Z)_{\mathrm{S}}$ 和 $(\mathrm{d}T/\mathrm{d}Z)_{\mathrm{L}}$ 两个参数有关，由此可估算出该体系的最大的生长速率。当 $(\mathrm{d}T/\mathrm{d}Z)_{\mathrm{L}}$ 为 0 时（理论值），可估算出晶体生长最大速率：

$$f_{\max} = \frac{K_{\mathrm{S}}}{d \cdot \tilde{H}}\left(\frac{\mathrm{d}T}{\mathrm{d}Z}\right)_{\mathrm{S}} \qquad (7\text{-}10)$$

在晶体生长时，一般使用的籽晶的截面积都较小，因此从籽晶传导走的热量 Q'_{C} 可以忽略不计。当晶体生长一段时间，有了一定长度后，此时晶体的热散耗仅是晶体表面向外辐射的热散耗，即

$$Q_{\mathrm{C}} = Q_{\mathrm{RS}} \qquad (7\text{-}11)$$

由斯特藩-玻尔兹曼定律得到单位高度表面向外辐射的热量

$$Q_{\mathrm{C}} = Q_{\mathrm{RS}} = 2\pi r \varepsilon \sigma T^4 = B_{\mathrm{l}} r \qquad (7\text{-}12)$$

式中，ε 为热发射率；σ 为斯特藩-玻尔兹曼常数；T 为体系（晶体表面）的温度。将式（7-12）代入式（7-8）得

$$K_{\mathrm{L}}\left(\frac{\mathrm{d}T}{\mathrm{d}Z}\right)_{\mathrm{L}} \cdot A + f \cdot A \cdot \tilde{H} \cdot d = B_{\mathrm{l}} r \qquad (7\text{-}13)$$

由晶体生长的截面积 $A = \pi \cdot r^2$，式（7-13）改写为

$$\pi \cdot r^2 \cdot K_{\mathrm{L}}\left(\frac{\mathrm{d}T}{\mathrm{d}Z}\right)_{\mathrm{L}} \cdot \pi \cdot r^2 \cdot \tilde{H} \cdot d = B_{\mathrm{l}} r \qquad (7\text{-}14)$$

那么，

$$f = \frac{B_1}{\pi \cdot d \cdot \tilde{H} \cdot r} - \frac{K_L \left(\dfrac{\mathrm{d}T}{\mathrm{d}Z} \right)_L}{D \cdot \tilde{H}} \tag{7-15}$$

令 $B_2 = \dfrac{B_1}{\pi \cdot d \cdot \tilde{H}}$，$B_3 = \dfrac{K_L \left(\dfrac{\mathrm{d}T}{\mathrm{d}Z} \right)_L}{d \cdot \tilde{H}}$，则

$$f = \frac{B_2}{r} - B_3 \tag{7-16}$$

若潜热项 B_2 大于熔体的热传导项 B_3，$B_2 \gg B_3$ 成立时，则

$$f \propto \frac{1}{r} \tag{7-17}$$

从式（7-17）可以看出，晶体生长速率与生长的晶体半径成反比，因此在晶体生长中可以通过改变晶体生长拉速和加热功率来改变晶体的半径大小。

7.1.5　晶体中的温度分布

在提拉法晶体生长时，晶体各部分的温度分布是不同的，由于温差的存在，会使晶体中产生一定的热应力，它对晶体的完整性有很大的影响。生长系统的温度分布取决于系统中的热传导过程，它涉及传导、对流和辐射三种传输方式及其相互之间作用的复杂过程。1968 年，Brice[2] 提出一个简化模型，在一个稳定的固体中，由于质量传输很缓慢，热传输可以忽略，那么固体中的热传输就只有传导和辐射两种方式（图 7-3），对模型进行了数学处理，得出下面的拉普拉斯方程的解析解。以下公式中晶体半径 r_a、晶体长度 L、热传导系数 K、密度 d 和比热容 C 均为定值，∇^2 为拉普拉斯算子。

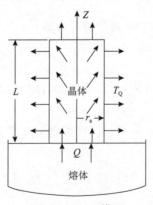

图 7-3　Brice 模型

稳态温度场中晶体的方程为

$$\nabla^2 T = 0 \tag{7-18}$$

在柱坐标体系中,

$$\frac{\partial^2 T}{\partial r^2} + \frac{1}{r}\frac{\partial^2 T}{\partial r} + \frac{1}{r^2}\frac{\partial^2 T}{\partial \varphi^2} + \frac{\partial^2 T}{\partial Z^2} = 0 \tag{7-19}$$

圆柱对称性:

$$\frac{\partial^2 T}{\partial r^2} + \frac{1}{r}\frac{\partial T}{\partial r} + \frac{\partial^2 T}{\partial Z^2} = 0 \tag{7-20}$$

令 $\theta(r,Z) = T(r,T) - T_0$,得

$$\frac{\partial^2 \theta}{\partial r^2} + \frac{1}{r}\frac{\partial \theta}{\partial r} + \frac{\partial^2 \theta}{\partial Z^2} = 0 \tag{7-21}$$

边界条件:(1)在固-液界面上,晶体界面温度为熔点:

$$\theta = T_m - T_0 = \theta_m \tag{7-22}$$

(2)当 $r = r_a$ 时,传导到晶体表面的热量通过对流和辐射向环境耗散:

$$-K\frac{\partial \theta}{\partial r} = \varepsilon_C \theta + \varepsilon_R \theta = \varepsilon \theta \tag{7-23}$$

(3)当 $Z = 1$ 时,在晶体顶部有类似(2)的热耗散:

$$-K\frac{\partial \theta}{\partial Z} = \varepsilon_C \theta + \varepsilon_R \theta = \varepsilon \theta \tag{7-24}$$

令, $h \approx \frac{\varepsilon}{K}(h \ll 1\,\text{cm}^{-1})$ 当热交换系数与热传导系数的比值很小时,由上述边界条件可获得式(7-21)的近似解为

$$\theta \approx \theta_m \frac{\left(1 - hr^2/2r_a\right)}{\left(1 - hr_a/2\right)}\exp\left(-\left|\frac{2h}{r_a}\right|^{1/2}Z\right) \tag{7-25}$$

从式(7-25)可以得到以下 5 点推论:

(1)晶体中相对温度只与 r 和 Z 有关,在同一水平面上的相同半径上的任意点的温度是相同的, Z 轴是温度场的对称轴。

（2）当 r 一定时，晶体中温度分布随着 Z 的增大按指数减少。

（3）当 $h>0$（环境冷却晶体）时，晶体中的等温面凹相熔体。当 $h<0$（环境加热晶体）时，晶体中等温面凸向熔体，如图 7-4 所示。

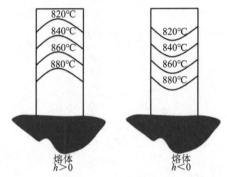

图 7-4　晶体中等温面

（4）温度分布沿 Z 的偏微分：

$$\frac{\partial \theta}{\partial Z} \approx -\theta_{\mathrm{m}}\left(\frac{2h}{r_{\mathrm{a}}}\right)^{1/2}\frac{\left(1-hr^2/2r_{\mathrm{a}}\right)}{1-\frac{1}{2}hr_{\mathrm{a}}}\exp\left[-\left(\frac{2h}{r_{\mathrm{a}}}\right)^{1/2}Z\right] \quad (7\text{-}26)$$

当 Z 一定时，

$$\frac{\partial \theta}{\partial Z} \approx C\left(1-\frac{hr^2}{2r_{\mathrm{a}}}\right) \quad (7\text{-}27)$$

当 $h>0$ 时，$\frac{\partial \theta}{\partial Z}$ 随着 r 的增大而减少。当 $h<0$ 时，$\frac{\partial \theta}{\partial Z}$ 随着 r 的增大而增大，如图 7-5 所示。

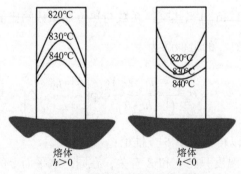

图 7-5　晶体沿 Z 轴的温度分布

（5）温度分布沿 r 的偏微分：

$$\frac{\partial \theta}{\partial r} \approx -\frac{2hr\theta_{\mathrm{m}}}{r_{\mathrm{a}}\left(1-hr^2/2r_{\mathrm{a}}\right)} \tag{7-28}$$

当 $h>0$ 时，$\dfrac{\partial \theta}{\partial r}$ 随着 r 的增大而减小。当 $h<0$ 时，$\dfrac{\partial \theta}{\partial r}$ 随着 r 的增大而增大，如图 7-6 所示。

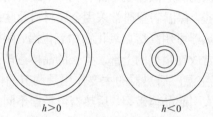

图 7-6　晶体沿 r 的温度分布

7.2　提拉法晶体生长技术的基本装置和工艺

7.2.1　提拉法晶体生长技术的基本装置

提拉法晶体生长的基本装置如图 7-7 所示，现在的提拉法晶体生长炉大部分都是通过智能温度控制器进行程序控制生长的，图 7-8 示出了一种国产 DJL-400 型单晶炉。

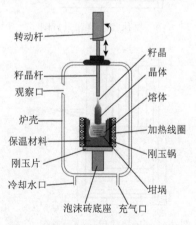

图 7-7　提拉法晶体生长装置示意图

图 7-8　国产 DJL-400 型单晶炉

提拉法晶体生长装置通常由坩埚、加热系统、温度和气氛控制系统、机械控制系统和炉膛等构成。

1. 坩埚

用作坩埚的材料要求化学性质稳定、纯度高，高温下机械强度高，熔点要高于原料的熔点 200℃左右。常用的坩埚材料为铂、铱、钼、石墨、二氧化硅或其他高熔点氧化物，其中铂、铱和钼主要用于生长氧化物类晶体。

2. 加热系统

加热系统由加热、保温和后热器三个部分构成。最常用的加热装置分为电阻加热和高频线圈加热两大类。保温装置通常采用金属材料及耐高温材料等做成的热屏蔽罩和保温隔热层。后热器可用高熔点氧化物如氧化铝、陶瓷或多层金属反射器如钼片、铂片等制成，通常放在坩埚的上部。生长的晶体逐渐进入后热器，生长完毕后就在后热器中冷却至室温。后热器的主要作用是调节晶体和熔体之间的温度梯度，避免因温度梯度过大引起晶体破裂。后热器可根据不同晶体材料的性质和炉膛结构设计而成，下面列出几种不同方式的后热器示意图（图 7-9 ~ 图 7-12）。

图 7-9　自热式后热器示意图（一）

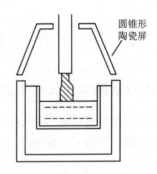

图 7-10　自热式后热器示意图（二）

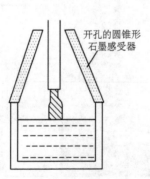

图 7-11　后热式后热器示意图（一）

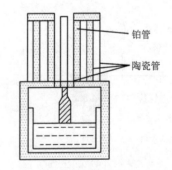

图 7-12　后热式后热器示意图（二）

电阻加热特点：①成本低，并可以制成复杂形状的加热器；②当温度高于1500℃时，一般采用石墨或钨来加热，但需要在中性或还原气氛中进行；③工作温度低时，一般采用电阻丝或硅炭棒加热。

高频感应加热特点：①坩埚本身是加热体；②温度大于 1500℃时一般采用铱坩埚，在中性气氛中进行；③低于 1500℃时，一般采用铂坩埚。

3. 控制系统

控制系统有温度控制系统和气氛控制系统。控温装置主要由传感器、控制器等精密仪器进行操作和控制，主要是控制生长过程中的温度。气氛控制系统由真空装置和充气装置组成，主要是控制炉膛内的气氛。

4. 传动系统

安装传动系统的目的是获得稳定的旋转和升降，传动系统由籽晶杆、水平转动和垂直升降系统组成。

近些年来，由于激光技术的发展，对晶体的质量要求越来越高，从而促进了对提拉法技术的改进，提拉法晶体生长中的直径控制是极其重要的，自动直径控制（automatic diameter control，ADC）是一种先进晶体直径自动控制技术，是提高晶体质量和成品率的重要途径。ADC 技术大致可以分为以下几种：①利用弯月面的光发射法；②晶体外形成像法；③称重法。近年，先进的提拉炉，大多采用计算机控制的称重法来实现晶体直径的自动控制。晶体等径生长的自动控制技术、液封技术和导模技术等技术的发展，对改善晶体质量和提高晶体的有效利用率都有很大的帮助。

7.2.2　提拉法晶体生长的一般工艺过程

将预先合成好的原料装在坩埚内，然后将原料加热到熔点以上，原料熔化成熔体后，将籽晶引入到熔体。在合适的温度中，籽晶不熔不长，然后缓慢地向上提拉和转动籽晶杆。同时缓慢地降低加热功率，籽晶就逐渐长大，小心地调节温度和提拉速度，就能得到所需要的尺寸的晶体。图 7-13 示出提拉法晶体生长一般工艺流程。

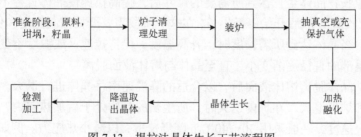

图 7-13　提拉法晶体生长工艺流程图

提拉法生长晶体过程中的工艺操作要点：

（1）配料：所生长的晶体必须是没有破坏性相变，又具有较低的蒸汽压或离解压的同成分熔化的化合物，结晶物质不与周围环境气氛发生反应。原料按化学计量比称量后，采用化学合成或固相烧结方法进行合成。

（2）装锅和熔化：合成好原料分多次放入坩埚中，升温至设定的温度后熔化。

（3）晶体生长：晶体生长技术工艺过程如图 7-14 所示。

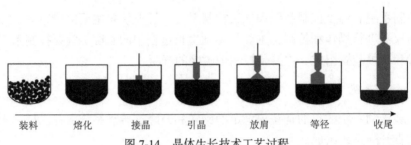

装料　　熔化　　接晶　　引晶　　放肩　　等径　　收尾

图 7-14　晶体生长技术工艺过程

接晶：待原料完全熔化后，将温度调节至预定的温度，籽晶下降接近至液面，预热几分钟，使籽晶的温度接近熔体的温度，以减少热冲击。当温度稳定后，将预热后的籽晶引入熔体，使之微熔，然后开始再缓慢地提拉。这一步骤称为"接晶"，又称为"下种"。

引晶：当籽晶向上缓慢地提拉，熔体开始在籽晶顶部结晶，这一步骤称为"引晶"。，刚开始时，这一步骤可能需要不断调整温度直至引晶成功。

缩颈：引晶成功后，略微降低温度和提高拉速，拉出一段直径比籽晶小的晶体，以消除籽晶表面的机械损伤和晶体内可能的位错延伸。这一步骤称为"缩颈"。

放肩：缩颈完成后，稍微降低温度，拉速不变，使晶体逐渐长大至所需的直径为止。这一步骤称为"放肩"。

有时需重复进行上述的缩颈和放肩步骤，以达到进一步消除籽晶的内位错等缺陷的延伸目的。

等径生长：晶体生长达到所需要的尺寸后，提高拉速使晶体直径不再长大，通常称为"收肩"，然后开始等径生长，在这一阶段需要严格控制温度和保持拉速。

收尾：当晶体达到所需长度时，升高温度，保持拉速，或温度不变，提高拉速，晶体尾部的直径逐渐变小，直至晶体与熔体液面脱离。

退火：晶体脱离熔体液面后，以合适的降温速率将晶体进行退火。退火分为炉内退火和炉外退火。在炉内退火时，所生长的晶体处于后加热室内，必须采用缓慢的退火速度，一般采用 30～40℃/h 降温速率，以减小热应力。例如，晶体生长不能在需要的气氛下进行，需要在炉外进行进一步退火，退火是对不理想生长气氛的后修正。而且高温生长的晶体通常都存在大的热应力或热应力引起的色心，因此也需要再一次进行退火，消除晶体中热应力和色心。例如，氧化物和石榴石类晶体在氧气氛下退火，可清除氧空位和低价阳离子。钛宝石等在还原气氛下退火，可消除阳离子高氧化态。一般晶体通常在大气气氛下高温、长时间退火，然后再降温到室温。

7.3 提拉法晶体生长中缺陷形成和控制

在晶体材料应用中，我们需要高度完整、无微观缺陷或宏观缺陷的晶体，然而提拉法生长晶体中可能出现空位、替代式或间隙式杂质离子、色心、位错、小角度晶界、孪晶、小面、生长层、气泡、沉淀物、包裹物等微观或宏观缺陷。晶体在生长过程产生的缺陷大致由以下几个方面原因形成：物质因素、热力学因素、分凝和组分过冷、温度分布和温度波动等。我们需要了解产生各种晶体缺陷的成因，改善和控制生长条件，从而能在最佳生长条件下，生长出高质量的满意晶体。

7.3.1 晶体中常见的几种缺陷

色心：色心是由晶体中正负离子电荷的失衡，或不同离子间位置交换所致，而进入晶体中的杂质是多样的，如过渡金属离子、杂质阴离子和异物相，因此当这些杂质进入晶体后会形成相应的正空位团和负空位团，这些异相空位团之间进行空间补偿和电荷补偿可能形成各种位错，使晶体点阵得到松弛，也可能被偏析到位错、空闲管道及包裹体中的孔洞中，从而形成色心缺陷。在高温缺氧的气氛中生长的晶体极易产生色心。例如，在氮气气氛中生长 Yb: YAG 晶体，由于缺氧形成大量的色心，晶体中色心对激发态 Yb^{3+} 的荧光寿命具有猝灭效应，晶体通过长时间高温退火处理可以消除色心影响[3]。

云层：云层是由晶体中光弥散点和小散射颗粒大量堆积成"云层"一样的一种缺陷，是由晶体生长过程中不可知因素导入的，如杂质的引入，缺陷点的引入造成光弥散点和小的散射颗粒。除此之外，云层成因还与生长条件突变、组分过冷产生的胞状结构有关，与晶体生长时的液流状态和固-液界面形状有关[4]。

位错：从几何角度看，位错属于晶体的一种线缺陷，晶体中某处一列或多列原子有规律的错排，可视为晶体中已滑移部分与未滑移部分的分界线，其存在对材料的物理性能，尤其对力学性能、材料的扩散、相变过程有较大的影响。提拉法生长的晶体产生位错的原因除了籽晶中原有位错的延伸外，还有晶体中存在的几种应力产生的位错。晶体中常见的应力有：杂质不均匀偏析造成晶胞常数变化的差异产生的应力、组分分布不均匀及杂质分凝在晶体内部产生的应力、晶体热膨胀系数的各向异性产生的机械应力，生长和降温过程中存在着温度梯度和固-液界面处径向温度梯度产生的热应力，这些应力都可能诱导位错的产生。

开裂：晶体开裂是一个复杂的物理化学过程，受热应力、生长工艺参数和结构应力等多因素影响。一方面，晶体生长过程中，温度场的不均匀性和非轴向对称性、晶体直径的变化及晶体本身的各向异性，使晶体产生热应力而发生相对形变导致晶体开裂，甚至碎裂。通过设备和温场的改善，大致可以解决开裂问题。具有各向异性的晶体，可通过选择合适的籽晶取向，以减少其危害。另一方面，在提拉法生长晶体时，晶体中存在着较大的轴向的热应力也可能造成晶体的开裂，可通过后加热器的设计和安装位置调整来减小晶体轴向温度梯度，从而减小晶体的热应力。

孪晶：孪晶是指两个晶体（或一个晶体的两部分）沿着一个公共晶面构成镜面对称的位向光学。孪晶可分为生长过程中形成的生长孪晶、在固体相变时所形成的转移孪晶和由外力使晶体发生相变时所形成的机械孪晶。晶体中的孪晶缺陷主要是生长孪晶，它会降低晶体的光学均匀性，它主要由下述几种过程引起：

（1）生长一开始形成的晶核即为孪晶核，紧接着在其上结晶成平行的分子层后形成孪晶，在这种情况下两个个体一般都有同等的大小；

（2）在晶体生长到达一定大小后出现；

（3）在晶体生长过程中，两个预存的小晶体以孪晶形式黏附在一起形成孪晶。生长过程中各种生长条件，如溶液的过饱和度、溶液的黏滞度、杂质和生长条件对孪晶形成都具有强烈的影响。

小面：提拉法晶体生长过程中，在强制生长系统中弯曲生长界面上出现的平坦区域称为小面[5]，这是晶体生长的各向异性表现。一般来说，晶体生长界面是非单一晶面，既存在着奇异面，又存在着非奇异面。根据界面能极图可对界面进行较为严格的分类，相应于能量曲面上的奇点，即凹入点的晶面称为奇异面，奇异面邻近的晶面称为邻位面，其余的晶面则称为非奇异面[6]。这两种界面的生长机制和动力学规律是不同的，要获得同样的生长速率，所需的过冷度也不同，因此奇异面和非奇异面不可能在同一个等温面上，固-液界面上会出现偏离等温面的平坦区域，从而形成小面。由于小面更容易沉积杂质，它在晶体中形成一个从籽晶一直延伸到晶体底部的管状缺陷，所以又称这种缺陷为中心管道缺陷、中心髓或内核。

7.3.2　物质条件对晶体质量的影响和控制

1. 生长设备

生长界面的移动需要有特殊的机械传动装置，需要能够提供高精度的机械传动装置和稳定的温度控制系统。如果这些机械装置不能提供均匀的机械运动，将会使生长界面产生振动，晶体的生长速率将会变得不稳定。

晶体生长时需要保持界面温度的稳定性，如果温度控制系统较差，产生温度波动，也将使界面温度产生波动，晶体生长速率也不稳定。如果温场中心和晶体中心偏离较大，那么晶体每转动一次界面上各个点的温度将出现一次波动，界面温度也产生波动，生长速率也不稳定。晶体生长过程中，热交换是不断地进行，需要不断地调节功率，以保证等径生长，如果等径控制不好，晶体直径的变化也意味着生长速率的不稳。

从非平衡截面分凝来看，

$$K_e = \frac{K^*}{K^* + (1 - K^*)\exp(-f\delta c/D)} \qquad (7\text{-}29)$$

从式（7-29）可以看出，当生长速率 f 变化时，溶质的有效分凝系数必然产生相应的变化，溶质在晶体中分布将不均匀，生长率波动大时，将在晶体中产生层状分布的缺陷。

2. 原料

高纯度的原料是生长高质量晶体的保证，原料中杂质（有害物质）来源于不纯的原料、配比不当、原料的非同成分挥发、生长环境（坩埚、绝缘材料）的污染。这些杂质对晶体生长来说是有害的，如果杂质的分凝系数很小的话，随着晶体生长，杂质将富集于界面附近。一旦它们的浓度达到过饱和状态，杂质将在界面上成核、生长，以包裹物的形式进入晶体。这些包裹物将成为光散射和光吸收中心，影响晶体的光学性质。杂质存在也会增加生长界面的不稳定性，在生长参数接近界面稳定的临界条件下，可能引起组分过冷，将在晶体中形成不透明的层。杂质能改变生长层中的熔体组成，出现组分过冷，在晶体中形成点缺陷，产生色心、散射颗粒，引起晶体透过和光谱的变化，在激光晶体中降低了激光输出能量。采用固相合成方法烧结的原料，必须注意烧结过程中组分的挥发和其他因素引起的配比变化，过量的组分，在某些方面能起到与杂质相同的作用。

3. 生长气氛

由于提拉法生长过程是在一个密闭的环境中进行的，晶体生长气氛与晶体中点缺陷浓度、阳离子价态有密切关系。例如，在采用铂坩埚生长钼酸盐晶体时，由于在缺氧的气氛中生长，缺氧造成氧缺陷，引起色心，使生长出的晶体发黑。将生长出的晶体置入马弗炉中，以 100℃/h 升温速率升温至 800～850℃，恒温 24～48 h，然后以 15℃/h 降温速率降温至室温，经退火处理后晶体色心减少，黑色消褪，如图 7-15 所示[7]。例如，采用铱坩埚，考虑到铱坩埚的寿命，一般采用氮气、氧化物和石榴石类晶体最好在有氧分压的惰性气氛下生长，充 1%～2%氧，以防止低价阳离子或氧空位进入晶格。例如，在生长 YVO$_4$ 和 Nd^{3+}：YVO$_4$ 时，采用铱坩埚作为生长坩埚，通常在晶体生长后期加入 0.5%～2%氧，既保护了铱坩埚，又可以减少晶体中的氧缺位[8,9]。对一些容易被氧化的化合物可采用还原气氛 $N_2 + H_2$ 或 CO，以防止有害的高氧化态阳离子进入晶格。除此之外，生长环境中的气氛，可能溶解于熔体中，在晶体中形成气泡。通过降低提拉速度，相当于降低界面附近的杂质浓度，有助于消除这类的包裹物。

(a)　　　　　　　　　　(b)

图 7-15　$Er^{3+}/Yb^{3+}: NaY(MoO_4)_2$ 晶体

（a）退火前；（b）退火后[7]

4. 晶体转动对生长的影响

在提拉法生长中，晶体是以一定速率转动的，晶体转动的直接作用是搅拌熔体，产生强制对流，它可能产生以下几个方面的影响。

（1）增加了温场的径向对称性：低转速下能做到这一点。

（2）改变了界面的形状：随着转速的增大，界面的形状发生从凸→平→凹的变化。因为晶体转动时削弱了自然对流，在界面下出现向上运动的液流，使等温面向上推动，于是界面出现相应的变化，使凹变得更凹。

（3）改变界面附近的温度梯度：如果自然对流占优势时，温度梯度较大。当改变转动速率让强制对流占支配地位时，则温度梯度小。

（4）改变液流的稳定性：增大晶体转速改变了液流的花样，改变了液流的热稳定性。图 7-16 示出转速下的液流方向。

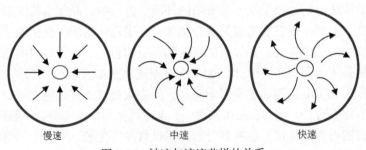

慢速　　　　　　　中速　　　　　　　快速

图 7-16　转速与液流花样的关系

（5）可改变有效分凝系数 k_{eff}：当 $k_{eff} < 1$ 时，转速增大，k_{eff} 则减少；当 $k_{eff} > 1$ 时，转速增大，k_{eff} 则增大。

（6）影响界面的稳定性。

5. 温场的选择和控制

在提拉法晶体生长时，首先要在熔体中引入籽晶，然后在籽晶和熔体的交界面上不断进行原子或分子的重新排列而形成单晶体。只有籽晶附近熔体的温度低于凝固点时，晶体才能继续发展。因此，生长界面必须处于过冷状态。但是，为了避免出现新的晶核和生长界面的不稳定性，过冷区必须集中在生长界面附近狭小的范围之内，让熔体的其余部分处于过热状态。在这种情况下，结晶过程中释放出的潜热不可能通过熔体导走，而是通过晶体的传导和表面辐射导走热量。

因此，必须有合理的温场设计和科学的提拉工艺，温场就是晶体生长炉内的温度分布场，它对晶体成核、生长速度、结构完整性都有重要影响。生长系统中的温度分布（等温面的状态）和熔体中及固-液界面上的温度梯度对晶体的质量起着重要的作用。固-液界面应当是熔体中温度最低的部分，如果不这样的话，将发生一种假晶现象。控制单晶生长的温场可以简化地用三个物理量来描述：晶体中的纵向温度梯度 $\left(\dfrac{\mathrm{d}T}{\mathrm{d}Z}\right)_{\mathrm{S}}$、熔体中的纵向温度梯度 $\left(\dfrac{\mathrm{d}T}{\mathrm{d}Z}\right)_{\mathrm{L}}$、熔体表面（固-液界面）的径向温度梯度 $\left(\dfrac{\mathrm{d}T}{\mathrm{d}(xy)}\right)_{\mathrm{L,S}}$。从晶体生长速率 f 式（7-9）可以看出，要保证足够大的生长速率，$\left(\dfrac{\mathrm{d}T}{\mathrm{d}Z}\right)_{\mathrm{S}}$ 越大越好，从有利于晶体生长界面平坦从而减少缺陷考虑，$\left(\dfrac{\mathrm{d}T}{\mathrm{d}Z}\right)_{\mathrm{S}}$ 也是越大越好。综合考虑，只能适当提高 $\left(\dfrac{\mathrm{d}T}{\mathrm{d}Z}\right)_{\mathrm{L}}$，而 $\left(\dfrac{\mathrm{d}T}{\mathrm{d}Z}\right)_{\mathrm{S}}$ 也不能过大，因为该梯度过大会使处于生长界面上的晶体经受较大的热应力，从而导致缺陷增加。$\left(\dfrac{\mathrm{d}T}{\mathrm{d}(xy)}\right)_{\mathrm{L,S}}$ 应保持较小的值从而使固-液界面平坦，但不能太小，以防止盛装熔体的坩埚边缘出现结晶。

一般来说，对于掺质的晶体需要有大的温度梯度，以利于熔质的对流。要克服组分过冷，也需要大的温度梯度。界面附近的温度梯度大意味着晶体散热量大以及熔体的过热程度高、熔体对流好。对于不掺质的晶体和易于开裂的晶体，则采用较小的温度梯度，较小的温度梯度可降低晶体的热应力和位错密度。建立适当的温场，可通过改变坩埚的位置、保温层的厚度、后加热器的厚度和长度来调节。建立合适的温度后，一般采用平的和微凸的固-液生长界面来生长。

6. 材料挥发的控制

一些材料在高温下容易挥发，改变了熔体的化学配比，组分挥发实质上是一个过剩组分杂质产生的过程，它的存在将会对生长的晶体质量带来不利影响，特别是在生长后期杂质富集，容易产生严重的组分分凝和组分过冷问题，将影响晶体的质量。如何克服这个问题，现在发展了两种技术：①液相覆盖技术，作为液相覆盖材料要具备以下几个条件，首先对熔体、坩埚和气氛是惰性的，其液相密度要小于熔体的密度且透明，能够浸润晶体、熔体和坩埚。目前 B_2O_3 是较好的覆盖材料，高黏滞度的 B_2O_3 熔液能很好地抑制熔体的挥发。②高压技术，采用高压气氛来抑制组分的挥发。

7. 籽晶

应尽量采用优质籽晶，若原来籽晶中存在着缺陷（如位错、晶界），或籽晶加工过程中受到损伤或污染，都会继承性引入到生长的晶体中去。因此，通常在生长过程前在较高的温度下先溶去籽晶外层，并结合缩颈工艺消除这些继承性缺陷，以生长出优质的晶体。

采用不同结晶学取向的籽晶，生长出晶体的结晶完整性可能是不同的，因此采用适当取向的籽晶对获得外形完整的晶体和质量是十分重要的。例如，在生长 YVO_4 晶体时，籽晶的取向对 YVO_4 晶体的质量和完整性有很大的影响，当采用与 c 轴成 45° 籽晶时，生长出的 YVO_4 形状如图 7-17（a）所示，而采用[001]方向的籽晶，可生长出具有完美外观的四方柱状高质量 YVO_4 晶体，如图 7-17（b）所示[10]。

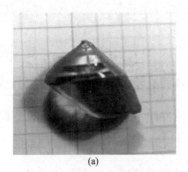 

(a)　　　　　　　　　　　　　(b)

图 7-17　采用不同籽晶取向生长的 YVO_4 晶体

(a) 与 c 轴成 45° 的籽晶；(b) [001]方向的籽晶[10]

8. 晶体形状的控制——导模法

晶体的外形除了采用适当的籽晶方向来生长出满意的外形外，还可以采用导模法控制晶体的形状，按照需要的形状和尺寸来制备晶体，导模法晶体生长是提拉法晶体生长的一种变种，它的全称是边缘限定薄膜供料提拉生长技术（edge-defined film-fed growth technique），简称 EFG 法，特别适合于片状、管状和异型界面的晶体生长。导模法晶体生长装置如图 7-18 所示[11]，其主要原理是生长时将模具放入坩埚中心位置，模具沿着纵向有若干毛细孔位于一个圆周上，当材料熔化后，熔体通过模具水平侧孔进入毛细管中，熔体由于毛细作用被吸引到模具上面来，与一根籽晶接触后，随籽晶提拉不断地凝固，模具上部边沿的形状则控制晶体的形状，可生长片状、带状和纤维状晶体。这种方法具有很高的生长率，并可以得到成分均匀的晶体。因为毛细（渠道）管中对流极弱，界面排除出来的过剩溶质只能通过扩散向熔体主体运动，然而模具中毛细管阻碍了溶质的扩散，而且模具中毛细管的熔体向上流速快（即晶体拉速快），这些溶质难以回到熔体主体中去，这样，晶体中溶质接近于熔体主体的浓度，即 $K_0 = C_S / C_{L(b)} \approx 1$。例如，在生长蓝宝石晶体时，生长中所用的模具材料是钼，一根钼棒沿着纵向有若干毛细孔（直径 0.7～0.75 mm）位于一个圆周上，在模具下端每个毛细孔通过一个水平方向孔与外部相通，把模具放入坩埚中心位置，用感应加热或电阻加热熔化 Al_2O_3 碎块（Al_2O_3 的熔点约 2050℃），熔体通过模具水平侧孔进入毛细管中上升到模具表面，待将加热功率调整至合适后，随后将高质量的籽晶缓慢下降并接触到模具表面，然后以一定的拉速开始生长[11]。我国学者王东海等[12]采用一种条状模具（图 7-19），采用导模法成功地生长出大尺寸 690 mm × 300 mm × 12 mm 蓝宝石大板材，如图 7-20 所示。贾志泰等[13]采用导模法成功地生长出大尺寸 100 mm × 25 mm 氧化镓单晶（β-Ga_2O_3），如图 7-21 所示。

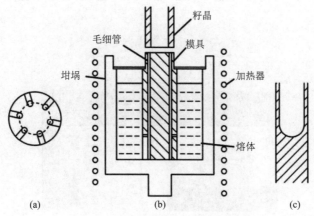

图 7-18　导模法晶体生长装置示意图
（a）模具；（b）生长炉；（c）生长的晶体[11]

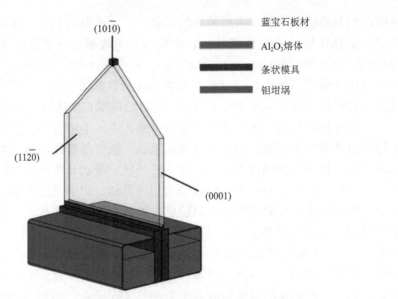

图 7-19　EFG 技术生长蓝宝石板材模具示意图[12]

图 7-20　导模法生长的 690 mm × 300 mm × 12 mm 蓝宝石大板材[12]

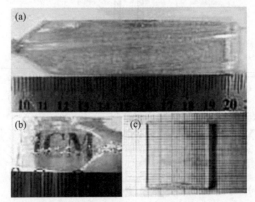

图 7-21　（a）（b）导模法生长的 β-Ga₂O₃ 单晶照片（100 mm × 25 mm）；
（c）切割抛光后的晶体照片[13]

7.3.3　热力学因素对晶体质量的影响和控制

由于熔体中的晶体一般是在高温下生长，因此晶体中有较高的空位浓度。从热力学角度来看，晶体中含有特定浓度的空位，空位的浓度 n 取决于温度，将使晶体的自由能具有最小值。平衡空位数 n 可以表示为 $n \approx \exp(-E_v/KT)$，E_v 为形成一个空位所需的能量，其数值一般为 $1 \sim 3$ eV，K 为玻尔兹曼常量，T 为热力学温度。

随着温度的降低，捕获空位数 n 迅速降低，在 1000℃ 时空位浓度 n/N 约为 10^{-5} 数量级，在更高温度，空位数可达 $10^{-3} \sim 10^{-4}$ 数量级，N 为晶体中空位可占据的点阵格位数。通常晶体中的空位浓度不能高于所在温度下的平衡浓度。随着晶体温度的降低，所允许的平衡浓度迅速减小，因此晶体中的空位浓度处于过饱和状态。这些过饱和空位可以向晶界和表面扩散，也可以通过位错的攀移被吸收。如果降温速度过快，这些空位来不及扩散、吸收而消失，将聚集成为空位团。空位团多为圆盘状和多面体空洞。空位属于热力学平衡状态下的缺陷，可以生长出无位错的单晶，却无法完全避免空位带来的影响。

一种材料在结晶时具有特定的成分和结构，使晶体具有最低的吉布斯自由能。对某些材料来说，随着温度由凝固温度向室温冷却，上述情况可能不会成立，晶体可能发生固态相变，以降低其吉布斯自由能，这种相变会损害晶体的完整性。晶体冷却过程中可能出现下述几种情况。

（1）出现脱溶或共析反应，它将产生第二相沉淀物或分解物，因此可能引起应变、位错、孪晶和开裂。例如铌酸锂，固-液同成分点为 48.6mol% Li_2O（图 2-34），500℃ 以下该晶体的稳定组分为 50mol% Li_2O。因此在同成分点生长的晶体降温到 500℃ 以下，相当于含有过饱和的 Nb_2O_5，于是这部分的 Nb_2O_5 要从晶体中脱溶出来，形成第二相。

（2）结构相变。降温过程中，晶体可能出现结构类相变，对于一级相变来说，由此产生的应变常导致晶体破坏性的开裂或孪晶。对于二级相变，可采用小的温度梯度和慢的降温速率，但效果有时并非完美。例如，高温相 BaB_2O_4 晶体（α-BBO）是一种优秀的紫外双折射晶体[14]，由于它在 925℃ 存在相变[15]，在采用提拉法生长 α-BBO 时，即便采用缓慢的晶体降温和退火速率也很难得到完整不开裂的晶体[14]。

（3）其他类型相变。如顺电-铁电转变、无序到有序转变，一般来说对于具有相变的材料应当设法在其相变温度以下生长，或采用其他方法生长。一般克服的方法是采用较快的降温速率，缩短在相变温度附近的停留时间，抑制这种缓慢的相变，得到介稳相，但问题是可能导致晶体的开裂和孪晶。

7.3.4　分凝和组分过冷

组分过冷就是在比晶体熔点温度低的时候熔液就开始结晶，形成晶核，不断长大形成晶体。在熔体中晶体生长，需要一定的过冷度（即 $T < T_M$）来提供结晶的驱动力。但组分的变化可以加快晶体的形成，主要出现在掺杂晶体的生长中，如杂质含量升高，导致晶体熔点降低。由于杂质分凝，排出的掺杂物质会导致固-液界面下方熔体的杂质浓度增加，从而降低熔点，这会使本来应该凝固为晶体的熔体暂时不凝固，甚至返熔。另一种情况相反，杂质含量导致凝固点升高，熔体内本不该凝固的地方提前凝固。这些现象都会扰乱正常的晶体生长，简单来说就是从很小的尺寸上打乱原本我们需要的结晶次序，结果会导致晶体中出现各种缺陷，严重者会导致整个晶体生长失败。

那么，产生组分过冷的条件是什么？产生组分过冷的条件可由式（7-30）表示[6]：

$$\frac{G}{V} < \frac{mC_L(K_e-1)}{DK_e} \tag{7-30}$$

式中，G 为熔体中界面处的温度梯度；V 为生长速率；K_e 为分凝系数；m 为液相线斜率；mC_L 为溶液中溶质的平均浓度；D 为溶质在溶液中扩散系数。

对于一个确定的生长溶液体系，$\dfrac{mC_L(K_e-1)}{DK_e}$ 是一常数，当 $\dfrac{G}{V}$ 比值小于此常数时，将会产生组分过冷。也就是说，G 值越小，V 值越大，越容易产生组分过冷。反之，当 $\dfrac{G}{V}$ 比值等于或大于 $\dfrac{mC_L(K_e-1)}{DK_e}$ 值时，将不会产生组分过冷。因此，在适当的范围内，提高 G 值和降低 V 值是克服组分过冷的有效和简单的方法。降低晶体生长速率的作用是让熔体中较高浓度的溶质有充分时间向界面层中扩散，让熔体和边界层中的溶质分布趋向均匀。也可先采用较大的 G 来克服组分过冷，然后在高温下长时间退火来消除 G 大而产生的热应力。

7.3.5　温度分布、温度波动与晶体生长条纹

晶体中溶质分布不均匀层称为生长层（生长条纹），生长层是熔体晶体生长过程中常见的一种微观缺陷，它的存在严重地破坏了晶体的均匀性，使晶体的物理、化学、光学、力学等性能出现周期性和间歇性的变化，严重影响了晶体的质量。它是由温度分布、温度波动和生长条件等（图 7-22）起伏引起溶质浓度的起伏，从而使晶体中成分产生起伏，溶质浓度交替地形成薄层状生长层出现在晶体中，由提拉和旋转作用产生一种弯曲的弧形生长条纹。闵乃本等[16]

研究了提拉法生长的 $LiNbO_3$ 晶体中晶体转速、温度起伏与生长条纹之间的关系，从图 7-23 可以看到，晶体的旋转的频率与温度起伏和晶体表面设置条纹的频率完全一致，弯月面内的温度起伏引起径向生长速率涨落，从而导致表面生长条纹呈周期性变化[图 7-23（b）]。在采用自动直径控制生长 $Gd_3Ga_5O_{12}$ 时，$Gd_3Ga_5O_{12}$ 单晶中周期性的生长条纹的间距同射频功率的波动的周期相吻合[17]，如图 7-24 所示，所以匀速的晶体生长转速和稳定的功率对提高晶体生长的质量至关重要。

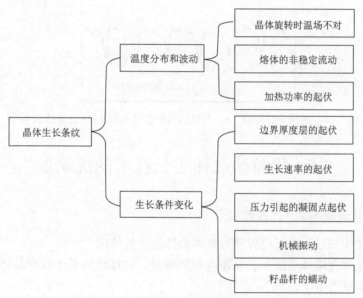

图 7-22　生长条纹与温度分布、温度起伏和生长条件的关系

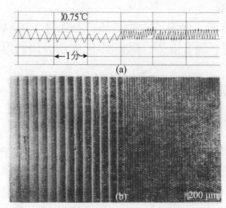

图 7-23　（a）晶体转速由 4 r/min 突变为 13 r/min 时在弯月面内所测的温度起伏；
（b）相应的晶体表面生长条纹[16]

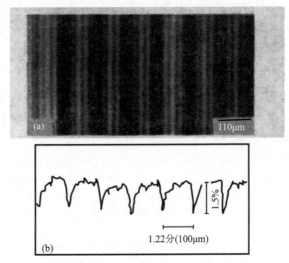

图 7-24　生长条纹周期（a）与射频功率波动周期（b）之间的关系[17]

7.4　提拉法晶体生长技术的优缺点

1. 提拉法晶体生长技术的优点

（1）在生长过程中可以方便地观察晶体的生长情况。

（2）晶体在熔体表面生长，不与坩埚接触，这样能显著地减少晶体的应力，并防止坩埚壁的寄生成核。

（3）可以方便地使用定向籽晶和缩颈工艺，缩颈后的籽晶可使放肩后生长出的晶体的位错密度降低。

（4）通过调整发热体、保温体、后加热器等条件，可以控制温度梯度。

（5）通过调节转速、调节液流、调整固-液生长界面的形状来控制晶体生长的状态。

（6）可以方便地控制晶体直径。

2. 提拉法晶体生长技术的缺点

不适于具有相变的、蒸汽压高的或非同成分熔化的化合物。

总之，提拉法生长的晶体纯度高、完整性高，生长速率和晶体尺寸也是令人满意的，提拉法晶体生长是目前在科研和工业生产中使用最广泛的一种生长技术方法，表 7-1 列出我国科研工作者在《人工晶体学报》上发表的部分采用提拉法生长的各种晶体材料。

表 7-1　《人工晶体学报》报道的采用提拉法生长的各种晶体材料

晶体	材料类型	参考文献	晶体	材料类型	参考文献
$YCa_4O(BO_3)_3$	非线性光学晶体	[18]	MgF_2	红外、紫外窗口材料	[43]
$Co^{2+}/Er^{3+}: Y_3Al_5O_{12}$	激光晶体	[19]	$Nd^{3+}/Yb^{2+}: BaGd_2(MoO_4)_4$	激光晶体	[44]
$GdVO_4$	激光晶体	[20]	$Ce: CdGd_2(WO_4)_4$	闪烁晶体	[45]
TeO_2	非线性光学晶体	[21]	$Nd^{3+}: NaGd(MoO_4)_2$	激光晶体	[46]
$\beta\text{-}Gd_2(MoO_4)$	激光晶体	[22]	$Lu_3Al_5O_{12}: Pr$	激光晶体	[47]
$Ce^{3+}: Y_3Al_5O_{12}$	闪烁晶体	[23]	$Zn^{2+}: Yb^{3+}: LiNbO_3$	激光晶体	[48]
$(La,Sr)(Al,Ta)O_3$	衬底材料	[24]	$Ba_2TiSi_2O_8$	非线性光学晶体	[49]
$NaBi(WO_4)_2$	闪烁晶体	[25,26]	$Ho: BaY_2F_8$	激光晶体	[50]
$NaY(WO_4)_2: Nd^{3+}$	激光晶体	[27]	$Yb,Er,Ho: GSGG$	激光晶体	[51]
$Ca_3(VO_4)_2$	自倍频晶体	[28]	$Er: YSGG$	激光晶体	[52]
$\beta\text{-}Zn_3BPO_7$	非线性光学晶体	[29]	$Ce: YVO_4$	闪烁晶体	[53]
$Cr^{3+}: BeAl_2O_4$	激光晶体	[30]	$^7LiNbO_3$	非线性、电光、压电等	[54]
$Cr^{3+}: LiCaAlF_6$	激光晶体	[31,32]	$Pr: Lu_3Al_5O_{12}$	闪烁晶体	[55]
$Gd^{3+}/Yb^{3+}: YAP$	激光晶体	[33]	$(Yb^{3+},La^{3+}): Gd_2SiO_5$ $(Yb^{3+},Tb^{3+}): GdTaO_4$	激光晶体	[56]
$Si^{4+}/Yb^{3+}: YAG$	激光晶体 闪烁晶体	[34]	$Yb,Ho: YAG$	激光晶体	[57]
$Nd,Ce: YAG$	激光晶体	[35]	$Yb: Lu_3Al_5O_{12}$	激光晶体	[58]
YVO_4	双折射晶体	[36]	$Cr,Tm,Ho: YAG$	激光晶体	[59]
$La_3Ga_{5.5}Ta_{0.5}O_{14}$	压电晶体	[37]	$Lu_3Al_5O_{12}: Pr$	闪烁晶体	[60]
$DyVO_4$	磁光晶体	[38]	$Tb_3Sc_2Al_3O_{12}$	磁光晶体	[61]
$Yb: YAG$	激光晶体	[39]	$5at\%Yb: GdTaO_4$	激光晶体	[62]
$Ce: LYSO$	闪烁晶体	[40]	$Mn: YAlO_3$	光折变晶体	[63]
$Er: YAG$	激光晶体	[41]	$Ce: YAP$	闪烁晶体	[64]
$Tm: YAP$	激光晶体	[42]	$CdWO_4$	闪烁晶体	[65]

参 考 文 献

[1] Czochralski J. A new method of measuring the speed of cristilation in metals[J]. Z Phys Chem, 1917, 92: 219-221.

[2] Brice J C. Analysis of the temperature distribution in pulled crystal[J]. J Cryst Growth, 1968, 2: 395-201.

[3] 尹红兵, 邓佩珍, 张俊洲, 等. Yb: YAG 晶体中的色心[J]. 光学学报, 1998, 18: 247-249.

[4] 王兴山, 刘滔, 王佳基, 等. Cr^{3+}: Al_2O_3 晶体生长的气泡和云层研究[J]. 人工晶体, 1988, Z1: 345.

[5] 闵乃本, 杨永顺. 直拉法 YAG 的小面生长和邻位面生长[J]. 物理学报, 1979, 28: 285-295.

[6] 闵乃本. 晶体生长的物理基础[M]. 上海: 上海科学技术出版社, 1982.

[7] 李修芝. 掺稀土离子 $NaLn(MoO_4)_2$（Ln = Y、Gd）激光晶体的生长、表征、光谱与激光性能的研究[D]. 北京: 中国科学院大学, 2006.

[8] Wu S F, Wang G F, Xie J L, et al. Growth of large birefrigent YVO_4 crystal[J]. J Cryst Growth, 2003, 249: 176-178.

[9] Wu S F, Wang G F, Xie J L. Growth of high quality and large-sized Nd^{3+}: YVO_4 single crystal[J]. J Cryst Growth, 2004, 266: 496-499.

[10] 吴少凡. 掺稀土钒酸盐激光晶体生长研究[D]. 北京: 中国科学院大学, 2007.

[11] 余怀之. 红外光学材料[M]. 北京: 国防工业出版社, 2007.

[12] 王东海, 徐军, 李东振, 等. 导模法生长超大尺寸蓝宝石板材的研究[J]. 人工晶体学报, 2020, 49: 398-401.

[13] 贾志泰, 穆文祥, 尹延如, 等. 导模法生长高质量氧化镓单晶的研究[J]. 人工晶体学报, 2017, 46: 193-196.

[14] Zhou G Q, Xu J, Chen X D, et al. Growth and spectrum of a novel birafrigent α-BBO crystal[J]. J Cryst Growth, 1998, 191: 517-519.

[15] 梁敬魁, 张玉苓, 黄清镇. BaB_2O_4 相变动力学的研究[J]. 化学学报, 1982, 40: 994-1000.

[16] 闵乃本, 洪静芬, 孙政民, 等. 直拉法 $LiNbO_3$ 单晶体中的旋转生长条纹[J]. 物理学报, 1981, 30: 1672-1675.

[17] Takagi K, Ikeda T, Fukazawa T, et al. Growth striae in single crystals of gadolinium gallium garnet growth by automatic diameter control[J]. J Cryst Growth, 1977, 38: 206-212.

[18] 张叔君, 程振翔, 张吉果, 等. 掺杂 $YCa_4O(BO_3)_3$ 晶体生长与性能研究[J]. 人工晶体学报, 1999, 28: 160-163.

[19] 朱月芹, 杭寅, 张连翰, 等. Co^{2+}/Er^{3+}: $Y_3Al_5O_{12}$ 晶体的生长及其吸收特性[J]. 人工晶体学报, 2006, 35: 217-220.

[20] 梁红艳, 于浩海, 张怀金, 等. $GdVO_4$ 晶体的生长及性能研究[J]. 人工晶体学报, 2007, 36: 47-51.

[21] 储耀卿, 葛增伟, 吴国庆, 等. 大尺寸优质声光晶体 TeO_2 的生长[J]. 人工晶体学报, 2004, 33: 810-812.

[22] 袁清习, 李红君, 庄漪, 等. $β-Gd_2(MoO_4)_3$ 晶体生长中的过冷现象研究[J]. 人工晶体学报, 2002, 31: 117-120.

[23] 黄朝红, 陆磊, 周东方, 等. 大尺寸无机闪烁晶体 Ce^{3+}: YAG 的生长和研究[J]. 人工晶体学报, 2001, 30: 354-357.

[24] 陶德节, 闫如顺, 刘福云, 等. 高温超导及 GaN 衬底材料(La, Sr)(Al, Ta)O_3 晶体的生长[J]. 人工晶体学报, 2002, 31: 318-320.

[25] 范宇红, 韦瑾, 任绍霞, 等. NaBi(WO$_4$)$_2$ 晶体生长研究[J]. 人工晶体学报, 2000, 29: 76.

[26] 刘景和, 李建利, 邢洪岩, 等. NaBi(WO$_4$)$_2$ 晶体生长与性能[J]. 人工晶体学报, 2000, 29: 96.

[27] 刘景和, 葛建军, 朱忠丽, 等. Nd: NaY(WO$_4$)$_2$ 激光晶体生长[J]. 人工晶体学报, 2003, 32: 657-660.

[28] 赵志伟, 姜彦岛. 正钒酸钙晶体的生长及退火的研究[J]. 人工晶体学报, 2000, 29: 34-37.

[29] 刘红军, 王国富, 傅佩珍, 等. β-Zn$_3$BPO$_7$ 晶体的生长研究[J]. 人工晶体学报, 2002, 31: 341-344.

[30] 张新民, 朱汝德, 柴耀, 等. Cr^{3+}: BeAl$_2$O$_4$ 单晶的特性及生长工艺的改进[J]. 人工晶体学报, 1999, 28: 210-214.

[31] 张尚安, 王爱华, 吴路生, 等. Cr^{3+}: LiCaAlF$_6$ 晶体生长和激光特性[J]. 人工晶体学报, 1997, 26: 226.

[32] 张尚安, 陶德节, 王爱华, 等. Cr^{3+}: LiCaAlF$_6$ 晶体生长和激光特性[J]. 人工晶体学报, 1998, 27: 39-42.

[33] 谭慧瑜, 汪瑞, 张沛雄, 等. 钇镱共掺杂铝酸钇晶体的生长及性能研究[J]. 人工晶体学报, 2021, 50: 2013-2018.

[34] 田瑞丰, 张璐, 潘明艳, 等. Si^{4+}共掺杂 Yb:YAG 单晶生长和光谱特性研究[J]. 人工晶体学报, 2021, 50: 1957-1962.

[35] 郭勇文, 黄晋强, 权纪亮. 大尺寸Nd, Ce: YAG激光晶体的生长及缺陷研究[J]. 人工晶体学报, 2021, 50: 244-247.

[36] 曾宪林, 陈伟, 张星, 等. 大尺寸 YVO$_4$ 晶体的自动控径提拉法生长[J]. 人工晶体学报, 2021, 50: 248-252.

[37] 石自彬, 李和新, 龙勇, 等. 大尺寸 Y 方向钽酸镓镧压电晶体生长及性能研究[J]. 人工晶体学报, 2020, 49: 1044-1047.

[38] 徐刘伟, 王帅华, 陈养国, 等. 钒酸镝晶体生长和磁光性能研究[J]. 人工晶体学报, 2019, 48: 1834-1837.

[39] 杨国利, 韩剑锋, 李兴旺, 等. 提拉法生长直径 8inch Yb: YAG 激光晶体[J]. 人工晶体学报, 2019, 48: 1216-1217.

[40] 狄聚青, 刘运连, 滕飞, 等. ϕ80 mm × 200 mm 级 Ce: LYSO 晶体的生长与闪烁性能研究[J]. 人工晶体学报, 2019, 48: 374-378.

[41] 郭勇文, 黄玲玉, 周建邦, 等. 提拉法生长 YAG: Er 单晶及其发光性能研究[J]. 人工晶体学报, 2019, 48: 24-27.

[42] 李洪峰, 杜秀红, 王肖戬, 等. 大尺寸掺铥铝酸钇晶体生长工艺研究[J]. 人工晶体学报, 2018, 47: 2076-2080.

[43] 徐超, 张钦辉, 刘晓阳, 等. 提拉法生长高质量氟化镁单晶[J]. 人工晶体学报, 2017, 46: 2304-2305.

[44] 刘广锦, 黄润生, 李真, 等. 钕镱共掺四钼酸钆钡晶体的生长与光谱性能研究[J]. 人工晶体学报, 2016, 45: 2353-2358.

[45] 殷洁, 杜飞, 栗茹, 等. Ce: CdGd$_2$(WO$_4$)$_4$ 单晶的生长和发光性能研究[J]. 人工晶体学报, 2016, 45: 1993-1997.

[46] 吴丽丹, 刘广锦, 李真, 等. Nd^{3+}: NaGd(MoO$_4$)$_2$ 晶体的生长及 XRD-Rietveld 结构精修[J].

人工晶体学报, 2016, 45: 569-573.

[47] 汪超, 丁栋舟, 李焕英, 等. 镥铝石榴石（$Lu_3Al_5O_{12}$: Pr）晶体的生长及发光性能[J]. 人工晶体学报, 2015, 44: 3389-3394.

[48] 李百中, 李铮, 施振华, 等. Zn^{2+}: Yb^{3+}: $LiNbO_3$ 晶体生长及光谱性能研究[J]. 人工晶体学报, 2014, 43: 1607-1610.

[49] 刘小凤, 魏庆科, 喻建兵, 等. $Ba_2TiSi_2O_8$ 晶体的生长及包裹物缺陷分析[J]. 人工晶体学报, 2013, 42: 2495-2499.

[50] 罗辉, 亓鲁, 朱世富, 等. Ho: BaY_2F_8 晶体生长及其光谱研究[J]. 人工晶体学报, 2012, 41: 1502-1508.

[51] 孙敦陆, 罗建乔, 张庆礼, 等. 2.7μm 激光晶体 Yb, Er, Ho: GSGG 的生长与光谱性能研究[J]. 人工晶体学报, 2012, 41: 547-550.

[52] 罗建乔, 孙敦陆, 张庆礼, 等. 中红外激光晶体 Er: YSGG 的生长及 LD 泵浦的激光性能[J]. 人工晶体学报, 2012, 41: 564-567.

[53] 吴周礼, 阮永丰, 王友发, 等. Ce: YVO_4 晶体的生长及其电荷迁移发光[J]. 人工晶体学报, 2012, 41: 6-10.

[54] 张娜娜, 王继扬, 韩淑娟, 等. 近化学计量比 $^7LiNbO_3$ 晶体的生长和基本性能[J]. 人工晶体学报, 2011, 40: 1363-1366.

[55] 崔宏伟, 陈建玉, 丁雨憧, 等. Pr: $Lu_3Al_5O_{12}$ 闪烁晶体生长及光学性能研究[J]. 人工晶体学报, 2011, 40: 1367-1370.

[56] 宁凯杰, 张庆礼, 孙敦陆, 等. 新型(Yb^{3+}, La^{3+}): Gd_2SiO_5 和(Yb^{3+}, Tb^{3+}): $GdTaO_4$ 单晶生长及分凝研究[J]. 人工晶体学报, 2011, 40: 817-821.

[57] 成诗恕, 程艳, 赵呈春, 等. Yb, Ho: YAG 晶体的生长及光谱性能[J]. 人工晶体学报, 2010, 39: 332-335.

[58] 王晓丹, 潘涛, 臧涛成, 等. Yb: $Lu_3Al_5O_{12}$ 晶体的生长及缺陷研究[J]. 人工晶体学报, 2010, 39: 57-61.

[59] 窦仁勤, 李秀丽, 张琦, 等. 2.1 μm 激光晶体 Cr, Tm, Ho: YAG 的生长、光谱和激光性能[J]. 人工晶体学报, 2016, 45: 1435-1439.

[60] 汪超, 丁栋舟, 李焕英, 等. 镥铝石榴石（$Lu_3Al_5O_{12}$: Pr）晶体的生长及发光性能[J]. 人工晶体学报, 2015, 44: 3389-3394.

[61] 施俐君, 郭莉薇, 魏庆科, 等. 导模提拉法生长 $Tb_3Sc_2Al_3O_{12}$（TSAG）晶体及性质表征[J]. 人工晶体学报, 2013, 42: 1735-1740.

[62] 杨华军, 张庆礼, 彭方, 等. 提拉法生长的 5at%Yb: $GdTaO_4$ 晶体的结构和光谱性能分析[J]. 人工晶体学报, 2013, 42: 788-793.

[63] 朱江, 赵广军, 何晓明, 等. 新型光折变晶体 Mn: $YAlO_3$ 的生长与光谱性质研究[J]. 人工晶体学报, 2006, 35: 209-212.

[64] 李涛, 赵广军, 何晓明, 等. 高温闪烁晶体 Ce: YAP 的生长研究[J]. 人工晶体学报, 2002, 31: 85-89.

[65] 张敬富, 潘金根, 娄丙谦, 等. 钨酸镉单晶的提拉法生长[J]. 人工晶体学报, 2014, 43: 1336-1340.

第8章　坩埚下降法晶体生长技术

坩埚下降法是一种从熔体中生长晶体的方法，1925 年 P. W. Bridgman[1]首先发明了悬挂式坩埚下降法，称为布里奇曼方法（Bridgman method），该方法主要应用于锑、铋、碲、锌及锡等低熔点金属单晶生长。后来，D. C. Stockbarger[2,3]在此基础上加以改进，将坩埚放置在通有冷却水的下降托杠上，成为现在最常见的方法，因此又称布里奇曼-斯托克巴杰法（Bridgman/Stockbarger method）。最初的坩埚下降法应用于金属凝固、卤化物晶体和化合物半导体的晶体生长，现在除了上述材料外还应用于熔点高、熔体黏度大的氧化物的晶体生长[4]。坩埚下降法晶体生长已有专著做了详细的论述[5]，本章仅对坩埚下降法的基本原理和方法加以介绍。

8.1　坩埚下降法晶体生长技术的基本原理

坩埚下降法提供了一种最简单的从熔体中生长晶体的方法，用于晶体生长用的材料装在圆柱型坩埚中缓慢地下降，并通过一个具有一定温度梯度的加热炉，炉温控制在略高于材料的熔点附近。当坩埚通过加热区域时，坩埚中的材料被熔化，当坩埚持续下降时，坩埚底部的温度先下降到熔点以下，并开始结晶，晶体随坩埚下降而持续长大。

8.2　坩埚下降法晶体生长装置

坩埚下降法晶体生长装置可分为以下几种。

（1）悬挂式：1925 年由 Bridgman[1]发明的生长装置，该方式因坩埚不能旋转，适合用于生长尺寸小的、熔点低的材料，如图 8-1 所示。

（2）底托式：1936 年 Stockbarger[2,3]在研究氟化物晶体时，对简单的 Bridgman 方法从根本上加以改进，将坩埚放置在通有冷却水的下降托杠上，在炉膛中间增加了隔板，便于温场控制和温度梯度调节，既增加了固-液界面处轴向温度梯度，又有利于形成微凸固-液界面。改进后的装置不但可以生长大尺寸晶体，还可以同时生长多根晶体，故又称此坩埚下降法为布里奇曼-斯托克巴杰法，生长装置如图 8-2 所示。

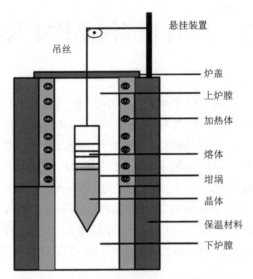

图 8-1　坩埚下降法悬挂式生长装置示意图

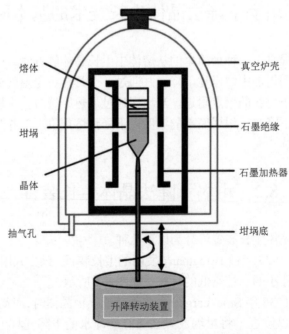

图 8-2　坩埚下降法底托式晶体生长装置示意图

8.3　坩埚下降法晶体生长技术的基本工艺与要求

8.3.1　坩埚

1. 坩埚材料

坩埚下降法生长晶体,从熔体到晶体生长结束都在坩埚中进行,因此坩埚的材料和形状十分重要。

(1)坩埚材料选择的基本原则是坩埚材料与所生长晶体不能反应。例如,氟化物不能使用石英玻璃坩埚,可采用石墨坩埚。

(2)坩埚材料的膨胀系数要比晶体的膨胀系数小,以避免在降温过程中坩埚对晶体产生压应力,使晶体开裂,同时也方便晶体取出。

(3)坩埚与熔体应尽量没有浸润和黏附现象。

(4)坩埚材料在工作温度下要有足够的强度。

(5)坩埚材料要易于加工成型,内部平坦、光洁,以避免寄生成核。

2. 坩埚形状的设计

坩埚下降法生长晶体可以是籽晶定向生长,也可以自发成核生长。一般采用自发成核生长,其获得单晶体的依据是晶体几何淘汰规律。如果在圆筒状坩埚底部上生成几个部位不同的晶核 A、B 和 C,其生长的速度因方位的不同而不同,假设晶核 B 的最大生长速度方向与坩埚底部平行,而晶核 A 和 C 的最大生长速度方向分别与坩埚壁斜交。那么,在生长过程中晶核 A 和 C 的成长空间受到晶核 B 的排挤而不断地缩小,经过一段时间的成长,最终完全被晶核 B 所排挤而湮灭,结果取向优异的晶核 B 占据整个熔体而发展成单晶体,如图 8-3 所示,这一现象即为几何淘汰规律。

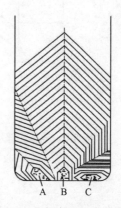

图 8-3　几何淘汰规律示意图

通常坩埚底部设计成圆锥状,利用圆锥尖产生晶核,如果只产生一个晶核时,可由单晶核生长形成一大单晶,如图 8-4 所示。如果产生多个晶核时,由于不同的晶核具有不同生长速率的晶向,依据晶体生长中的几何淘汰规律,具有快生长速率晶向的晶核不断排挤、淘汰慢生长速率晶向的晶核,从而占领整个固-液界面,生长出单晶体,如图 8-5 所示。实际上,坩埚底部还可依据晶体的性质设计成特殊形状的坩埚,其目的为在坩埚底部形成尽可能少的晶核,有利于晶核的几何淘

汰，有效排除多个不同取向的晶核，将取向优异的晶核发展成单晶体，如图 8-6
和图 8-7 所示。图 8-8 展示了一种采用坩埚下降法在氮气气氛下用圆锥状石墨坩
埚自发成核生长的 LiF 晶体。

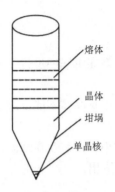

图 8-4　单晶核晶体生长过程

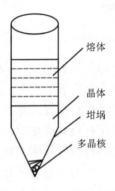

图 8-5　多晶核晶体生长过程

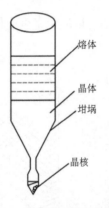

图 8-6　异型底部坩埚（一）

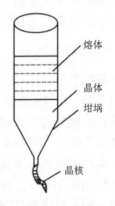

图 8-7　异型底部坩埚（二）

图 8-8　LiF 晶体（尺寸 $\phi 20\,\text{mm} \times 65\,\text{mm}$）

8.3.2　基本生长工艺流程

坩埚下降法晶体生长基本流程如下所示：

原料准备　⟹　配制原理（籽晶加工）坩埚制作　⟹　（接种）坩埚焊封（抽真空）　⟹　温场设计　⟹　上炉，升温

晶体元件　⟸　晶体加工　⟸　晶体定向　⟸　出炉　⟸　降温　⟸　晶体生长

8.3.3　晶体生长的传热过程和温场设计

在坩埚下降法晶体生长工艺过程中，需要设计合适的温场，通过加热器、保温系统、坩埚的结构、尺寸及相对的位置，构成适合单晶生长的等温熔化区（加热区）、冷却区（结晶区）和低温区，使结晶的温度梯度较大化，其过程存在复杂的传热过程，在加热区，热量由加热元件通过热传导、热对流和热辐射三种方式向坩埚传导，在高熔点材料的生长过程中，热辐射为传热主要方式。在结晶区，坩埚通过热传导、热对流和热辐射向炉腔散热，坩埚内熔体存在热对流和热传导共存的导热过程。坩埚内已完成结晶的晶体内部还存在一个多维的导热过程，结晶界面上还存在结晶潜热的释放，结晶潜热的释放是一个有源的界面导热过程。因此，坩埚壁的热传导、坩埚对热辐射的透射和吸收行为及坩埚内外壁的界面换热特性是影响换热的主要因素。在理想的晶体生长条件下，结晶界面为平界面，在结晶界面附近可获得一维温度场，介万奇给出结晶界面的热流平衡条件为[6]

$$q_2 - q_1 = q_3 \tag{8-1}$$

式中，q_1 为液相向结晶界面导热的热流密度；q_2 为由结晶界面向固相导热的热流密度；q_3 为单位面积结晶界面上结晶潜热的释放速率。

这些热流密度 q 与固、液相的热导率 λ，固、液相的温度梯度 G 以及晶体生长速率 R 有关。所以可以推导出：

$$q_1 = -\lambda_L G_{TL} \tag{8-2}$$

$$q_2 = -\lambda_S G_{TS} \tag{8-3}$$

$$q_3 = -\Delta H_M \rho_S R \tag{8-4}$$

式中，λ_L 和 λ_S 分别为液相和固相的热导率；G_{TL} 和 G_{TS} 分别为液相和固相中温度梯度；ΔH_M 为单位质量的熔体结晶所释放的结晶潜热；ρ_S 为固相密度；R 为结晶界面的移动速率，即晶体生长速率。在结晶界面上，即一维坐标系中，

$$G_{TL} = \frac{\delta T_L}{\delta Z'}\bigg| Z' = 0 \qquad\qquad (8\text{-}5)$$

$$G_{TS} = \frac{\delta T_S}{\delta Z'}\bigg| Z' = 0 \qquad\qquad (8\text{-}6)$$

式中，T_L 和 T_S 分别为液相和固相的温度。所以可以得出

$$R = \frac{\lambda_S G_{TS} - \lambda_L G_{TL}}{\rho_S \Delta H_M} \qquad\qquad (8\text{-}7)$$

　　从式（8-7）可以看出，除了材料本身的 λ_L、λ_S、ρ_S 和 ΔH_M 等物理化学性质外，晶体生长速率主要是由温度梯度 G_{TL} 和 G_{TS} 所决定的。只有生长速率很低时才有可能获得接近平衡的生长条件，但在实际生长过程中，绝对低速生长速率是很难达到的，因此，难以达到平衡的温度分布。故在实际晶体生长中，生长速率与坩埚下降速率并不同步。

　　图 8-9 为坩埚下降法生长温场分布示意图，通常固-液界面区的温度梯度保持在 $30\sim60\,^\circ\!C/cm$ 之间。

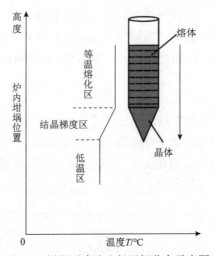

图 8-9　坩埚下降法生长温场分布示意图

8.3.4　生长速率和固-液界面移动的控制

　　坩埚下降法的晶体生长速率与固-液界面的温度梯度及材料的特性有关。在生长过程中，生长速率是通过一个高精度的机电系统控制坩埚和炉体的相对运动来实现的，通常是通过坩埚缓慢匀速下降的速率 V_d 实现晶体生长速率的控制，坩埚

与炉体的相对运动速率 V_d 称为抽拉速率。晶体的实际生长速率 R，即坩埚中结晶界面的移动速率，是由抽拉速率 V_d 决定的，式（8-7）已指出在实际晶体生长中，生长速率与坩埚下降速率并不同步，故二者通常并不相等，它们的关系是由晶体生长过程中的传热、传质条件决定的。一般来说，生长速率随温度梯度增大而增大，大的温度梯度有利于抑制组分过冷，提高晶体质量。

对于大多数材料来说，生长速率在 0.1～10 mm/h 数量级之间。例如，生长 $CaYO(BO_3)_3$ 晶体时固-液界面的温度梯度控制在 40～60℃/cm 之间，其温场分布如图 8-10 所示，以 0.2～0.6 mm/h 的生长速率生长，获得 ϕ 25 mm × 50 mm 的 $CaYO(BO_3)_3$ 晶体[7]。生长 Er^{3+}: $CaMoO_4$ 单晶时，坩埚内固-液界面温度梯度控制在 30℃/cm 左右，以 0.7～1.0 mm/h 的生长速率生长，获得 Er^{3+}: $CaMoO_4$ 单晶[8]。生长 $CdWO_4$ 晶体时，坩埚内固-液界面温度梯度控制在 30～40℃/cm 之间，以 0.5～1.5 mm/h 速率生长，获得 $CdWO_4$ 晶体[9]。

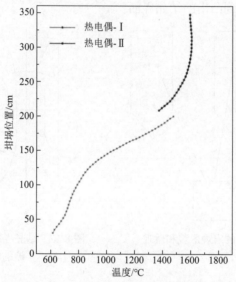

图 8-10　$CaYO(BO_3)_3$ 晶体生长的温度梯度[7]

在晶体生长过程中随着坩埚的下降，坩埚在高温区的部分逐渐减少，而在低温区的部分逐渐加大，使固-液界面的位置向高温区移动，固-液界面的温度梯度则变小，将出现晶体生长速率 R 大于坩埚抽拉（移动）速率 V_d，使晶体内产生包裹。常用的解决方法是在晶体生长后期适当提高控温温度或降低坩埚下降速率。

8.3.5　Bridgman 法晶体生长过程的结晶界面的控制及其控制原理

在 Bridgman 法晶体生长中结晶界面的形貌在很大程度上影响晶体生长的结

晶质量，Bridgman 法晶体生长中结晶界面的形貌包括宏观尺度上的形貌和微米级及亚微米程度的微观形貌。宏观形貌指的是固-液界面为凹面、平面或凸面的形状，如图 8-11（a）所示。当固-液界面形成凹面时，一旦在坩埚壁边沿生成新的晶核，则容易沿着垂直热流的方向生长，形成多晶，因此凹陷的结晶界面不利于维持单晶生长。平面的结晶界面能够较好地维持单晶的生长。而凸出的界面是最为理想的结晶界面，即使在生长过程中产生新的晶核，也会被很快地淘汰。

　　结晶界面的宏观形貌主要取决于结晶界面附近的热流条件。在热平衡上，结晶界面和热流方向总是呈垂直关系，根据温度场定义出熔点温度的等温面，可确定出结晶界面的形状。图 8-12 示出结晶界面宏观形貌与结晶界面附近的热流关系，可以通过调整加热区和冷却区的温度梯度，使结晶区的结晶温度处于温度梯度区的一维温度场中，可获得宏观的平面的结晶界面。如果整体温度过大，使结晶界面下移，接近冷却区，则会得到凹陷的结晶界面。当整体温度偏低时，结晶界面上移至加热区，则得到凸出的结晶界面。

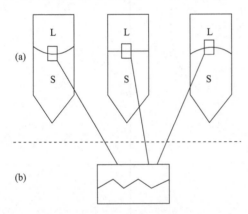 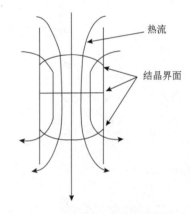

图 8-11　结晶界面的宏观形貌和微观　　　　图 8-12　结晶界面的宏观形貌与热
　　　　　形貌示意图　　　　　　　　　　　　　　流的关系[9]

　　微观形貌指固-液界面在微米及亚微米尺度上的结晶界面。通常的结晶界面是平滑的，平滑的界面对晶体生长过程和质量控制是有利的，但也存在凹凸不平的界面，如图 8-11（b）所示。一旦平面结晶界面失稳，就会形成胞状乃至树枝状晶体。此时，若溶质分凝在微区内出现成分的非均匀分布，在相邻胞晶间就会发生杂质元素的富集，相邻胞晶间的界面上会出现层错、位错、亚晶界等晶体结构缺陷。对不同类型的混合物，可以通过调整结晶界面上的温度梯度来获得平面结晶界面。具有固定熔点的化合物，维持结晶界面上正的温度梯度（即液相的温度高于结晶界面的温度）是获得平滑结晶界面的必要条件。对于具有各项异性的材料，则要维持较高的温度梯度才能获得平滑结晶界面。

8.3.6　籽晶定向生长

　　坩埚下降法采用定向籽晶生长时，将定向好的籽晶置于坩埚底部，如图 8-13 所示。由于籽晶熔接过程无法被观察到，通常根据温场的等温熔化区与结晶梯度区的温度梯度分布情况来确定坩埚的安放位置，将坩埚中的籽晶顶端处于等温熔化区的末端，使籽晶自顶端开始熔化去 1/3～1/2 部分后，与熔体熔接，然后坩埚开始下降进行晶体生长。

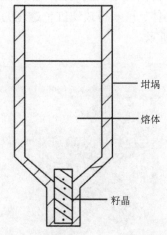

　　　　　　坩埚

　　　　　　熔体

　　　　　　籽晶

图 8-13　籽晶在坩埚中的位置示意图

8.4　坩埚下降法晶体生长技术的特点

　　（1）晶体形状可以随坩埚形状而定，适合生长异型晶体。
　　（2）可以加籽晶定向生长，也可以自发成核，依据几何淘汰规律生长晶体。
　　（3）可以全封闭生长，防止组分挥发。
　　（4）适合大尺寸、多数量的晶体生长。
　　（5）生长工艺比较简单。
　　（6）晶体生长在坩埚中进行，无法直接观察晶体生长过程。
　　（7）晶体生长在坩埚内进行，坩埚易产生对晶体的压应力和寄生成核现象，对坩埚内表面的光洁度要求高。
　　坩埚下降法经过近百年的发展，由于其原理简单、操作方便、晶体外形可控、适合规模生长等优点，越来越受到重视，成为人工晶体生长的主要方法之一，在科学研究和工业生产上得到广泛应用，随着控制技术的发展和对晶体生长微观过程认识的发展，近年来人们采用机械方法对坩埚下降法晶体生长过程中的液相区施加强制对流，以改变液相区传热、传质条件，实现晶体生长过程的优化，从而发明了一系列 Bridgman 改进技术，如坩埚恒速旋转生长技术[10,11]、坩埚加速旋转技术（ACRT）[12,13]、坩埚倾斜生长技术[14]和坩埚振荡生长技术[15-19]，不仅拓宽了该方法的应用范围，也提高了对晶体质量的控制。例如，$LiInS_2$ 晶体是一种性能优异的中红外非线性光学晶体，通常采用坩埚下降法生长 $LiInS_2$ 晶体，由于传统的坩埚下降法存在初期单核形成困难、生长过程温场分布不均匀和生长固-液界面形状难以控制等问题，获得高光学质量的晶体较为困难。王善朋等[20]采用坩埚加速旋转技术生长 $LiInS_2$ 晶体，可获得玫瑰红色透亮的较大尺寸 $\phi 10\ mm \times 25\ mm$ 的 $LiInS_2$ 晶体，如图 8-14 所示。

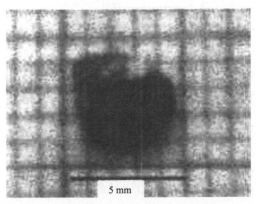

图 8-14　ACRT 生长的 $LiInS_2$ 晶体（$\phi 10\ mm \times 25\ mm$）

从 20 世纪 50 年代末，我国就开始了坩埚下降法晶体生长技术研究，成功地生长出尺寸达 100 mm × 100 mm × 10 mm、世界公认的最大人工合成云母晶体，此后先后生长出 $Bi_4Ge_3O_{12}$（BGO）闪烁晶体、TeO_2 声光晶体、$Li_2B_4O_7$ 压电晶体和 $PbWO_4$ 闪烁晶体等，并实现了产业化生产[5]。表 8-1 列出我国科研工作者发表在《人工晶体学报》上的部分采用坩埚下降法生长的各类晶体材料。

表 8-1　《人工晶体学报》报道的部分采用坩埚下降法生长的各类晶体材料

晶体	材料类型	参考文献	晶体	材料类型	参考文献
$LiInS_2$	非线性光学晶体	[20]	GaAs	太阳能电池材料	[38,39]
$KCaCl_3$: Ce	闪烁晶体	[21]	$CdMoO_4$	闪烁晶体	[40]
$Cs_2LiLaBr_6$: Ce	闪烁晶体	[22]	Er^{3+}: $CaMoO_4$	激光晶体	[41]
$Cs_3Bi_2I_9$	光电探测器等用材料	[23]	Bi: GaAs	太阳能电池材料	[42]

续表

晶体	材料类型	参考文献	晶体	材料类型	参考文献
K_2LaBr_5: Pr	上转换材料、闪烁晶体	[24]	$ZnWO_4$	闪烁晶体	[43]
Cs_2HfCl_6/Cs_2HfCl_6: Tl	闪烁晶体	[25]	$Zn_{1-x}Mg_xTe$	半导体材料	[44]
CaF_2	光学晶体	[26,27]	Nd^{3+}: $LiYF_4$	激光晶体	[45]
CsI-LiCl	闪烁晶体	[28]	$CdWO_4$	闪烁晶体	[46]
Cs_4SrI_6: Eu	闪烁晶体	[29]	$AgGaGeS_4$	红外非线性光学材料	[47]
RbY_2C_{17}: Ce	闪烁晶体	[30]	Ce^{3+}: LiYF4	激光晶体	[48]
Nd^{3+}: $YCa_4O(BO_3)_3$	激光晶体	[31]	$AgGa_{1-x}In_xSe_2$	红外非线性光学材料	[49]
K_2LaCl_5: Ce	闪烁晶体	[32]	$CdGeAs_2$	红外非线性光学材料	[50]
$CdSiP_2$	非线性光学晶体	[33,34,35]	CdZnTe	光电探测器等用材料	[51]
$CdLa_2(WO_4)_4$	闪烁晶体	[36]	$KMgF_3$	闪烁晶体、窗口材料	[52]
$ZnMoO_4$	闪烁晶体	[37]	$AgGaS_2$	红外非线性光学材料	[53]

参 考 文 献

[1] Bridgman P W. Certain physical properties of single crystals of tungsten, antimony, bismuth, tellurium, cadmium, zinc sand tin[J]. Proc Amer Acad Art Scien, 1925, 60: 305-383.

[2] Stockbarger D C. The production of large single crystals of lithium fluoride[J]. Rev Sci Lustr, 1936, 7: 133-136.

[3] Stockbarger D C. The production of larger artificial fluorite crystals[J]. Disc Faraday Soc, 1949, 5: 294-299.

[4] Hurle D T J. Handbook of Crystal Growth[M]. Amsterdam: North-Holland, 1994.

[5] 徐家跃, 范世铠. 坩埚下降法晶体生长[M]. 北京: 化学工业出版社, 2015.

[6] 介万奇. Bridgman 法晶体生长技术的研究进展[J]. 人工晶体学报, 2012, 41: 24-35.

[7] 罗军, 钟真武, 范世铠, 等. CaYO(BO₃)₃ 晶体坩埚下降法生长[J]. 人工晶体学报, 2000, 1: 25-29.

[8] 王敏刚, 叶斌, 魏冉, 等. Er³⁺: CaMoO₄ 单晶的坩埚下降法生长与光谱性能[J]. 人工晶体学报, 2015, 44: 2626-2631.

[9] 肖华平, 陈红兵, 徐方, 等. 钨酸镉单晶的坩埚下降法生长[J]. 硅酸盐学报, 2008, 36: 617-621.

[10] Kim J C, Park W J, Lee Z H, et al. Effect of steady ampoule rotation on axial segregation Bridgman growth of terfenol-D [J]. J Cryst Growth, 2003, 255: 286-292.

[11] Lee H, Pearlslein A J. Effect of steady ampoule rotation on radial doped segregation in vertical

Bridgman growth of GaSe[J]. J Cryst Growth, 2001, 240: 581-602.

[12] Liu X H, Jie W Q, Zhou Y H. Numerical analysis on $Hg_{1-x}Gd_xTe$ growth by ACRT-VBM[J]. J Cryst Growth, 2000, 209: 751-762.

[13] Liu X H, Jie W Q, Zhou Y H. Numerical analysis of CdZnTe crystal growth by the vertical Bridgman method using the accelerated crucible rotation technique[J]. J Cryst Growth, 2000, 219: 22-31.

[14] Lun L, Yeckel A, Daoutidis P, et al. Decreasing lateral segregation in Cadmium Zinc Telluride via ampoule tilting during vertical Bridgman growth[J]. J Cryst Growth, 2006, 291: 348-357.

[15] Yu W C, Chen Z B, Hsu W T, et al. Reversing Radial Segregation and suppressing morphological instability during Bridgman crystal growth by angular vibration[J]. J Cryst Growth, 2004, 271: 474-480.

[16] Yu W C, Chen Z B, Hsu W T, et al. Effect of angular vibration on the flow, segregation and interface morphology in vertical Bridgman crystal growth[J]. Int J Heat Mass Transfer, 2007, 50: 58-66.

[17] Zawilski K T, Claudia M, Custodio C, et al. Vibroconvective mixing applied to vertical Bridgman Growth[J]. J Cryst Growth, 2003, 258: 211-222.

[18] Liu Y C, Yu W C, Roux B , et al. Thermal-solution flows and segregation and their control by angular vibration in vertical Bridgman crystal growth[J]. Chem Eng Sci, 2006, 61: 7766-7773.

[19] Zawilski K T, Custodio M C C, Demattei R C, et al. Control of growth interface shape using vibroconvective stirring applied to vertical Bridgman growth[J]. J Cryst Growth, 2005, 282: 236-250.

[20] 王善朋, 陶绪堂, 董春明, 等. 加速坩埚旋转下降技术生长 $LiInS_2$ 晶体[J]. 人工晶体学报, 2007, 36: 8-13.

[21] 沈轶明, 李嫚, 杨晨乐, 等. $KCaCl_3$: Ce 晶体的生长及发光性能[J]. 人工晶体学报, 2022, 51: 21-26.

[22] 何君雨, 李雯, 魏钦华, 等. 1 英寸 $Cs_2LiLaBr_6$: Ce 闪烁晶体的生长及性能研究[J]. 人工晶体学报, 2021, 50: 1879-1882.

[23] 孙啟皓, 郝莹莹, 张鑫, 等. $Cs_3Bi_2I_9$ 晶体的生长及辐射探测性能[J]. 人工晶体学报, 2021, 50: 1907-1912.

[24] 熊建辉, 王昊宇, 杨晨乐, 等. K_2LaBr_5: Pr 晶体的生长及发光性能研究[J]. 人工晶体学报, 2021, 50: 1402-1407.

[25] 成双良, 任国浩, 吴云涛. Cs_2HfCl_6 和 Cs_2HfCl_6: Tl 晶体的生长、光学和闪烁性能研究[J]. 人工晶体学报, 2021, 50: 803-808.

[26] 徐悟生, 彭明林, 杨春晖. 8 英寸氟化钙单晶生长[J]. 人工晶体学报, 2021, 50: 407-409.

[27] 沈永宏, 王琦, 闫冬梅, 等. 直径 210 mm 氟化钙晶体的生长[J]. 人工晶体学报, 2007, 36: 490-493.

[28] 颜欣龙, 石肇基, 彭晨, 等. CsI-LiCl 共晶材料的坩埚下降法生长与闪烁性能研究[J]. 人工晶体学报, 2021, 50: 410-415.

[29] 张迪, 魏钦华, 林佳, 等. Cs_4SrI_6: Eu 晶体的生长和闪烁性能研究[J]. 人工晶体学报, 2020, 49: 774-779.

[30] 俞云耀, 朱贺炳, 王昊宇, 等. RbY$_2$C$_{17}$: Ce 晶体的生长和闪烁性能研究[J]. 人工晶体学报, 2020, 49: 780-784.

[31] 陈亚萍, 孙志刚, 赵艳, 等. Nd^{3+}: YCa$_4$O(BO$_3$)$_3$ 单晶的坩埚下降法生长与光谱性能[J]. 人工晶体学报, 2019, 48: 2008-2013.

[32] 章政, 张建裕, 杜飞, 等. K$_2$LaCl$_5$: Ce 晶体的生长及闪烁性能研究[J]. 人工晶体学报, 2019, 48: 369-373.

[33] 冯波, 赵北君, 何知宇, 等. CdSiP$_2$ 多晶提纯与单晶生长[J]. 人工晶体学报, 2018, 47: 1299-1304.

[34] 杨辉, 朱世富, 赵北君, 等. CdSiP$_2$ 晶体的生长与热膨胀性质研究[J]. 人工晶体学报, 2015, 44: 2619-2625.

[35] 吴圣灵, 赵北君, 朱世富, 等. CdSiP$_2$ 单晶生长及防爆工艺研究[J]. 人工晶体学报, 2014, 43: 492-496.

[36] 杜飞, 殷洁, 栗茹, 等. CdLa$_2$(WO$_4$)$_4$ 晶体的生长及发光性能的研究[J]. 人工晶体学报, 2018, 47: 235-239.

[37] 魏冉, 王敏刚, 胡旭波, 等. 钼酸锌晶体生长与发光特性研究[J]. 人工晶体学报, 2015, 44: 3406-3410.

[38] 徐家跃, 王冰心, 金敏, 等. GaAs 晶体坩埚下降法生长及掺杂效应[J]. 人工晶体学报, 2015, 44: 2632-2640.

[39] 金敏, 徐家跃, 何庆波. 坩埚下降法生长太阳能电池用砷化镓晶体[J]. 人工晶体学报, 2014, 43: 754-757.

[40] 胡旭波, 赵学洋, 魏冉, 等. 钼酸镉单晶的坩埚下降法生长及其退火效应[J]. 人工晶体学报, 2015, 44: 1432-1437.

[41] 王敏刚, 叶斌, 魏冉, 等. Er^{3+}: CaMoO$_4$ 单晶的坩埚下降法生长与光谱性能[J]. 人工晶体学报, 2015, 44: 2626-2631.

[42] 王冰心, 徐家跃, 金敏, 等. 铋掺杂砷化镓晶体的坩埚下降法生长研究[J]. 人工晶体学报, 2015, 44: 1156-1160.

[43] 赵学洋, 张敬富, 方义权, 等. 闪烁单晶钨酸锌的坩埚下降法生长[J]. 人工晶体学报, 2014, 43: 2475-2480.

[44] 刘国和, 李焕勇, 张海洋, 等. 高温垂直 Bridgman 法生长 Zn$_{1-x}$Mg$_x$Te 晶体[J]. 人工晶体学报, 2014, 43: 727-732.

[45] 汪沛渊, 夏海平, 彭江涛, 等. 坩锅下降法生长 Nd^{3+}: LiYF$_4$ 单晶及其光谱性能研究[J]. 人工晶体学报, 2013, 42: 1729-1734.

[46] 沈琦, 陈红兵, 王金浩, 等. 坩埚下降法生长钨酸镉晶体的闪烁性能[J]. 人工晶体学报, 2012, 41: 844-848.

[47] 王振友, 吴海信, 倪友保, 等. AgGaGeS$_4$ 晶体生长及性能研究[J]. 人工晶体学报, 2010, 39: 25-28.

[48] 徐方, 方奇术, 王苏静, 等. 非真空密闭条件下的 Ce^{3+}: LiYF$_4$ 晶体生长[J]. 人工晶体学报, 2009, 38: 813-817.

[49] 赵国栋, 朱世富, 赵北君, 等. AgGa$_{1-x}$In$_x$Se$_2$ 晶体的生长习性研究[J]. 人工晶体学报, 2009, 38: 301-304.

[50] 李佳樨, 熊正斌, 肖骁, 等. 砷锗镉晶体的生长和变温霍尔效应研究[J]. 人工晶体学报, 2022, 51: 193-199.

[51] 徐亚东, 介万奇, 王涛, 等. 籽晶垂直布里奇曼法生长大尺寸 CdZnTe 单晶体[J]. 人工晶体学报, 2006, 35: 1180-1184.

[52] 臧春雨, 曹望和, 石春山. KMgF$_3$晶体的生长研究[J]. 人工晶体学报, 2003, 32: 96-98.

[53] 吴海信, 程干超, 杨琳, 等. 用于红外变频的大尺寸 AgGaS$_2$ 晶体生长[J]. 人工晶体学报, 2003, 32: 13-15.

第9章　几种重要光电子晶体材料的生长

中国科学院福建物质结构研究所从建所伊始（1960 年）开始了 KDP 等晶体材料生的长研究，先后研究开发生长出多种重要光电子晶体材料。本章分别介绍 β-BBO 和大尺寸 LBO 晶体的顶部籽晶法晶体生长、大尺寸 KDP 晶体的水溶液法晶体生长、α-BBO、YVO$_4$ 和 Nd^{3+}: YVO$_4$ 晶体的提拉法晶体生长和 KTP 晶体的水热法晶体生长。

9.1　非线性光学晶体低温相偏硼酸钡 β-BBO 的顶部籽晶助熔剂法生长[1-23]

低温相偏硼酸钡 β-BBO 是中国科学院福建物质结构研究所首次发现的一种优秀的紫外非线性光学晶体[1]，主要应用于二倍频（second harmonic generation, SHG）、三倍频（third harmonic generation, THG）及四倍频（fourth harmonic generation, FOHG）、泵浦的光学参量振荡器（optical parametric oscillator, OPO）和光学参量放大器（optical parametric amplifier, OPA）等。

9.1.1　低温相偏硼酸钡 β-BBO 的结构和基本非线性光学性能

偏硼酸钡 BaB$_2$O$_4$ 存在高温相和低温相两种多型体[2]，其相变温度为(925 ± 10)℃[3]。低温相偏硼酸钡 β-BBO（β-BaB$_2$O$_4$）属六方晶系，$R3c$ 空间群，$a = 12.532$ Å，$c = 12.717$ Å，$Z = 6$[4]，该晶体由 Ba^{2+} 和 (B$_3$O$_6$)$^{3-}$ 平面环交错组成层状阶梯式结构的离子晶体，三次对称轴通过(B$_3$O$_6$)$^{3-}$ 硼氧环中心，图 9-1 示出 β-BBO 晶体在 ab 平面上的结构投影图。

β-BBO 晶体的基本物理和非线性光学性能[1]

熔点：(1095 ± 5)℃；

莫氏硬度：4；

相变温度：(925 ± 10)℃；

密度：3.5 g/cm^3；

比热：1.91 J/（cm³·K）；

热膨胀系数：$\perp c$ 4×10^{-6}/K，

　　　　　　 $\parallel c$ 36×10^{-6}/K；

热导系数：$\perp c$ 0.08 W/（m·K），

　　　　　 $\parallel c$ 0.8 W/（m·K）；

透过波段：189～35000 nm；

可发生相位匹配的二次谐波波段：0.205～1.50 μm；

非线性光学系数：

$$d_{11} = 4.1 \times d_{36}（KDP）=（1.78 \pm 0.09）\times 10^{-12} \text{ m/V}$$

$$d_{31} = 0.05 \times d_{11}，\ d_{22} < 0.05 \times d_{11}$$

有效非线性光学系数：

$$d_{ooe} = d_{31}\sin\theta - d_{11}\cos\theta\cos3\varphi$$

$$d_{eoe} = d_{11}\cos^2\theta\sin3\varphi$$

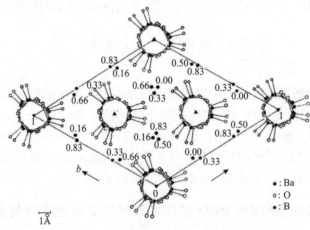

图 9-1　β-BBO 晶体结构在 ab 平面上的投影图

9.1.2　β-BBO 晶体生长[5-23]

目前已有许多文献报道了β-BBO 晶体生长[5-22]。生长β-BBO 晶体有多种方法，如提拉法[5-7]、激光加热基座生长（laser-heated pedestal growth，LHPG）法[8]、移动区域熔融（travelling solvent zone melting，TSZM）法[9]、顶部籽晶助熔剂生长（TSSG）法[10-13]。由于 BBO 晶体具有相变，采用顶部籽晶助熔剂生长法是目前生长出大尺寸、高质量的β-BBO 晶体的最好方法。

1. 助熔剂的选择

众所周知，顶部籽晶助熔剂生长法晶体生长中所选择的助熔剂是至关重要的。

理想的助熔剂应具备低的黏滞度、低的挥发性和高的溶解度。到目前为止，已有多种助熔剂应用于 β-BBO 晶体的生长，如 B_2O_3、BaF_2、$BaCl_2$、Li_2O_3、Na_2O 和 $Na_2B_4O_7$[13]、NaF[12]、NaCl[14]、Na_2O-NaF[15]、Na_2O-B_2O_3[16]、$Na_2B_2O_4$[4]、Na_2SO_4 和 CaF_2 等[17]。在 B_2O_3、Li_2O_3、$Na_2B_2O_4$、$Na_2B_4O_7$ 助熔剂体系中，由于较高的黏度和较窄的结晶范围，生长 β-BBO 晶体较为困难。而在 NaCl、Na_2SO_4、$BaCl_2$、BaF_2 和 CaF_2 助熔剂体系由于具有较高的挥发性，使得很难控制晶体生长过程。Na_2O 助熔剂是生长 β-BBO 最为典型的助熔剂，从 BBO-Na_2O 赝二元相图可以看出，从 925℃到 755℃是 β-BBO 的稳定生长区，允许长出较大的 β-BBO 单晶，如图 9-2 所示[12]。

后来 Roth 和 Perlov[12]研究了 BBO-NaF 赝二元系相图（图 9-3），研究了该体系的黏度、密度和挥发性。与 BBO-Na_2O 体系比较，NaF 助熔剂体系具有如下优点：

（1）具有相对低的黏度。它的平均黏度比 BBO-Na_2O 体系低 15%左右，这更有利于熔质的输送，可减少 β-BBO 晶体中的缺陷。

（2）BBO-NaF 体系具有较平滑的液相温度曲线，使得该体系的产率比 BBO-Na_2O 体系高，有利于生长出大尺寸的 β-BBO 晶体。

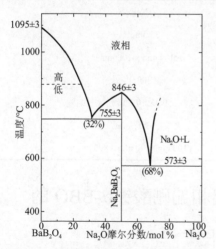

图 9-2　BaB_2O_4-Na_2O 赝二元系相图[18]

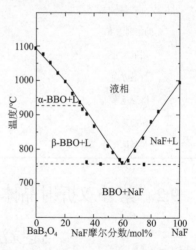

图 9-3　BaB_2O_4-NaF 赝二元系相图[12]

2. 晶体生长[23]

中国科学院福建物质结构研究所 Chen 等[23]依据 BBO-NaF 赝二元系相图，采用 NaF 作为助熔剂，采用顶部籽晶助熔剂生长法生长 β-BBO 晶体。BaB_2O_4 与 NaF 的浓度比（摩尔比）为 66.5：33.5，以接近液面 3～8℃/cm 的温度梯度，前慢后快的 0.05～0.1℃/h 降温速率和 5～20 r/min 转速的生长工艺、在直径为 100 mm 的铂坩埚中，使用[001]方向籽晶成功地生长出尺寸近ϕ100 mm × 40 mm，重达 800 g，光学均匀性为 4.326×10^{-6} 的大尺寸高质量的 β-BBO 晶体，如图 9-4 和图 9-5 所示。表 9-1 列出 TSSG 方法生长的 β-BBO 晶体的生长条件。

图 9-4　TSSG 方法生长的β-BBO 晶体

图 9-5　β-BBO 晶体的器件

表 9-1　TSSG 方法生长的β-BBO 晶体的生长条件

助熔剂	NaF
助熔剂浓度	33.5mol%
坩埚尺寸	ϕ100 mm × 100 mm
籽晶方向	[001]
降温速率	0.05～0.1℃/h
转动速率	5～20 r/min
生长晶体尺寸	ϕ100 mm × 40 mm，800 g

9.2　紫外双折射晶体高温相偏硼酸钡α-BBO 的提拉法生长[24-29]

高温相偏硼酸钡 α-BBO（α-BaB$_2$O$_4$）是一种优秀的紫外双折射晶体材料，其性能优于 VYO$_4$ 和 CaCO$_3$ 双折射晶体[24]。它可作为光学隔离器、格兰棱镜等应用于光谱分析、激光器等精密仪器中。

9.2.1　高温相偏硼酸钡α-BBO 的结构和基本双折射性能

高温相偏硼酸钡α-BBO 属三方晶系，$R3c$ 空间群，晶胞参数：$a = 7.235$ Å，$c = $

39.192 Å[25]。

α-BBO 晶体的基本物理和双折射光学性能如下。

熔点：(1095±5)℃；

相变温度：α-相（高温相）→β-相（低温相），(925±10)℃；

透过波段：190~2200 nm，紫外区的透过率高达 90%；

双折射率：当入射光λ为 533 nm 时，

$$n_0 = 1.6776,$$

$$n_e = 1.5359;$$

光损伤阈值：1.2 GW/cm^2。

9.2.2　α-BBO 晶体生长

高温相偏硼酸钡α-BBO 晶体属于同成分融化化合物，熔点为(1095±5)℃。一般情况下，它可以采用提拉法生长。然而，由于它在(920±10)℃存在相变，所生长的晶体倾向于开裂，很难得到完整的晶体[24]。因此要生长出大尺寸、高质量的 α-BBO 晶体的关键问题是如何克服 BBO 晶体的相变问题。1984 年，中国科学院福建物质结构研究所王国富等[26]研究了 BaB$_2$O$_4$-SrB$_2$O$_4$ 和 BaB$_2$O$_4$-SrO 相图（图 9-6 和图 9-7），发现在 BaB$_2$O$_4$ 化合物中掺入少量 Sr^{2+}可将高温相 BaB$_2$O$_4$ 稳定到室温的物理现象[26]，并研究了 Sr^{2+}将高温相 BaB$_2$O$_4$ 稳定到室温的机理[27]。中国科学院福建物质结构研究所 Wu 等[28]和 Huang 等[29]先后采用提拉法生长掺不同浓度 Sr^{2+}的大尺寸、高质量的α-BBO 晶体，并研究了其双折射光学性能。

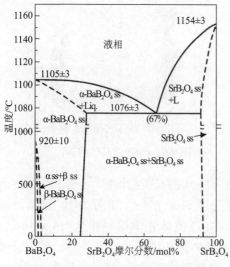

图 9-6　BaB$_2$O$_4$-SrB$_2$O$_4$ 赝二元系相图[26]

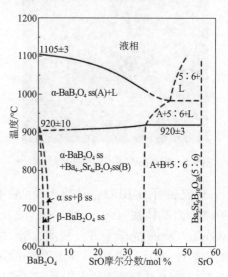

图 9-7　BaB$_2$O$_4$-SrO 截面图[26]

按照下列化学反应式配制出掺 Sr^{2+} 的 α-BBO 原料，采用固相合成法合成出生长所需的原料：

$$Ba_{1-x}CO_3 + xSrCO_3 + 2H_3BO_3 \Longrightarrow Ba_{1-x}Sr_xB_2O_4 + 2(1-x)CO_2\uparrow + 3H_2O\uparrow \quad (9\text{-}1)$$

表 9-2 列出提拉法生长 α-BBO 晶体的生长条件。合成好的原料置于尺寸为 $\phi80\ mm \times 80\ mm$ 的铂坩埚中，使用 2 kHz 中频提拉炉生长，以[001]方向的籽晶、1.0 mm/h 的提拉速率和 15 r/min 的转速生长出尺寸 $\phi75\ mm \times 70\ mm$ 的高质量的 α-BBO 晶体，如图 9-8 和图 9-9 所示。

表 9-2　提拉法生长 α-BBO 晶体的生长条件

坩埚尺寸	$\phi80\ mm \times 80\ mm$
籽晶方向	[001]
Sr^{2+} 的浓度	0.6at%
提拉速率	1.0 mm/h
转动速率	15 r/min
气氛	空气
晶体尺寸	$\phi75\ mm \times 70\ mm$

图 9-8　掺 0.6at% Sr^{2+} 的 α-BBO 晶体[29]

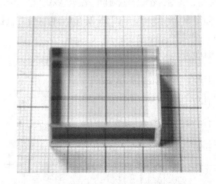

图 9-9　α-BBO 晶体的器件[28]

研究表明：α-BBO 晶体掺入 Sr^{2+} 后不影响 Sr^{2+} 的双折射性能[29]，经检测掺 Sr^{2+} 的 α-BBO 晶体在 190～2200 nm 波长的透过率达 87%，如图 9-10 所示。经 Twyman-Green 光学干涉仪检测，Sr^{2+} 的 α-BBO 晶体光学均匀性达 1.5×10^{-5}，如图 9-11 所示。表 9-3 列出检测 α-BBO 晶体损伤阈值的实验条件，根据公式 $E/\pi TR^2$，式中 E 为激光输出能量，T 为温度，R 为激光束半径，则计算出在 1064 nm 波长激光辐射下 α-BBO 晶体的损伤阈值高达 1.2 GW/cm^2。

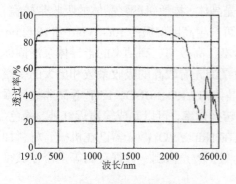

图 9-10　α-BBO 晶体的透过光谱

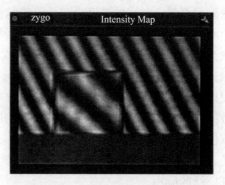

图 9-11　α-BBO 晶体的干涉条纹图

表 9-3　检测提拉法生长的α-BBO 晶体的损伤阈值实验条件

激光器	透过镜片聚焦的 Q 开关 Nd: YAG 激光
激光波长	1064 nm
激光模式	TEM_{00}
激光能量	8.5 mJ
脉宽	7 ns
激光光束直径	0.18 mm

　　"优质紫外双折射晶体高温相 BaB_2O_4 的生长技术" 2014 年获中国石油和化学工业联合会科技进步奖三等奖，获奖人：王国富，林州斌，梁敬魁等，获奖单位：中国科学院福建物质结构研究所。

　　"大尺寸优质紫外双折射晶体高温相 BaB_2O_4 的生长技术" 2015 年获福建省科技进步奖二等奖，获奖人：王国富，林州斌，梁敬魁等，获奖单位：中国科学院福建物质结构研究所。

9.3　双折射晶体 YVO_4 和激光晶体 Nd^{3+}: YVO_4

提拉法生长[30-45]

　　YVO_4 晶体是一种优良的双折射晶体材料，其特点是透过波段宽，具有大的双折射率和高的损伤阈值，它可用于光学隔离器、连接器、光波分复用器、格兰棱镜等，在光谱分析、光纤通信和激光技术等技术领域中得到广泛的应用。

　　掺钕钒酸钇（Nd: YVO_4）晶体是一种性能优良的半导体泵浦固体激光的优良

的激光材料，也是具有极大商业价值的激光晶体。掺钕钒酸钇晶体的吸收带较宽，中心波长为 807 nm，具有自然双折射特性，可产生高度偏振的 1064.3 nm 和 1342 nm 激光，机械性能良好，可用于制造结构紧凑、高效率、高功率的半导体泵浦固体激光器。与 Nd: YAG 相比，Nd: YVO$_4$ 对泵浦光有较高的吸收系数和更大的受激发射截面，激光二极管泵浦的 Nd: YVO$_4$ 晶体与 LBO、BBO、KTP 等高非线性系数的晶体配合使用，能够达到较好的倍频转换效率，可以制成输出近红外、绿色、蓝色到紫外线等类型的全固态激光器。现在 Nd: YVO$_4$ 激光器已在机械、材料加工、波谱学、晶片检验、显示器、医学检测、激光印刷、数据存储等多个领域得到广泛的应用。

9.3.1　YVO$_4$ 和 Nd^{3+}: YVO$_4$ 晶体结构和光学性能

YVO$_4$ 晶体结构：YVO$_4$ 晶体属四方晶系，具有锆石型结构，D_{4h} 点群，空间群为 $I4_1/amd$，单胞参数：$a = 7.1183$ Å，$b = 7.1183$ Å，$c = 6.2893$ Å，$Z = 4$[30]，其晶体结构图如图 9-12 所示。它是由 VO$_4$ 四面体和 VO$_8$ 多面体交替使用公用边组成的链。VO$_8$ 是一个三角的十二面体（D_{2d}）[30]，与 VO$_4$ 基团共用两条边，与其他的 VO$_8$ 十二面体共用四条边。此外，还有 12 条边是不共用的。链与 VO$_8$ 十二面体是横向相连的，这就导致了在 YVO$_4$ 晶体中有解理面的特殊性质[30]。钒酸钇晶体的结晶性好，晶面比较明显，它一共有 12 个主显露面，其中 4 个属四方柱单形，另外 8 个属四方双锥单形。钒酸盐晶体的宏观外形与籽晶取向、放肩速度有关，显示出不同的外貌。

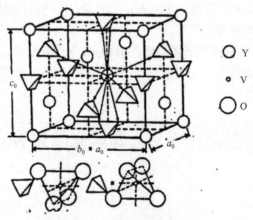

图 9-12　YVO$_4$ 晶体结构图[30]

YVO$_4$ 和 Nd^{3+}: YVO$_4$ 晶体的基本物理和光学性能：

YVO$_4$ 晶体

莫氏硬度：5；

热导系数：⊥c 5.10 W/（m·K），

　　　　　//c 5.23 W/（m·K）；

热膨胀系数：$\alpha_a = 4.43 \times 10^{-6}$K，

　　　　　　$\alpha_c = 11.37 \times 10^{-6}$K；

双折射率：$n_0 = 1.9929$，$n_e = 2.2154$，$\Delta n = 0.2225$ @0.63 μm，

　　　　　$n_0 = 1.9500$，$n_e = 2.2154$，$\Delta n = 0.2054$ @1.30 μm，

　　　　　$n_0 = 1.9447$，$n_e = 2.2186$，$\Delta n = 0.2039$ @0.63 μm；

透过波段：400～5000 nm；

光损伤阈：21 GW/cm^2。

Nd^{3+}: YVO$_4$ 晶体

发射波长：1064 nm、1342 nm；

发射跃迁截面σ_e：在 1064 nm 波长处$\sigma_e = 25 \times 10^{-19}$ cm^2；

吸收系数α：在 810 nm 波长处$\alpha = 3.14$/cm；

荧光寿命：90 μs；

光转换效率：＞60%。

9.3.2　YVO$_4$ 和 Nd^{3+}: YVO$_4$ 晶体生长

先前，许多论文先后报道了采用不同的生长技术，包括提拉法、焰熔法、浮区法、坩埚下降法和助熔剂法等方法生长纯 YVO$_4$ 晶体和掺稀土离子的 YVO$_4$ 晶体，但难以获得大尺寸和高质量的 YVO$_4$ 晶体[31-42]。2003 年，中国科学院福建物质结构研究所 Zhang 等[43]与 Wu 等[44,45]采用 YVO$_4$ 晶体液相化学合成方法和提拉法生长出大尺寸、高质量的 YVO$_4$ 和 Nd^{3+}: YVO$_4$ 晶体。

（1）原料合成：要获得高质量的 YVO$_4$ 晶体，原料的纯度是至关重要的。通常提拉法晶体生长的原料可以采用固相合成法合成，然而采用固相合成法难以合成出高纯度的 YVO$_4$ 晶体原料。中国科学院福建物质结构研究所 Zhang 等[43]采用液相化学合成方法合成出 YVO$_4$，液相合成的化学反应式如下式所示：

$$Y_2O_3 + 6HNO_3 =\!=\!= 2Y(NO_3) + 3H_2O \qquad (9\text{-}2)$$

$$NH_4VO_3 + Y(NO_3) + 2NH_3 \cdot H_2O =\!=\!= YVO_4 + 3NH_4NO_3 + H_2O \qquad (9\text{-}3)$$

合成时溶液的 pH 用氨水来调节，pH 一般控制在 7.0。合成好的 YVO$_4$ 经沉淀、过滤、洗涤和高温煅烧即可使用。

（2）YVO$_4$ 晶体生长：采用提拉法生长 YVO$_4$ 晶体，合成好的原料熔在尺寸为 ϕ70 mm × 40 mm 的铱坩埚中。晶体生长是在含有 0.5%～2% O$_2$ 的气氛中进行，使

用[001]方向的籽晶，以 1.5～2.5 mm/h 提拉速率和 5～10 r/min 的转速生长，生长出尺寸ϕ42 mm × 42 mm 的具有完美外观的高质量 YVO$_4$ 晶体，如图 9-13 所示。

图 9-13　提拉法生长的 YVO$_4$ 晶体[44]

（3）Nd^{3+}: YVO$_4$ 晶体生长

采用提拉法生长掺 Nd^{3+} 的 YVO$_4$ 晶体，合成好的原料熔在尺寸为 ϕ80 mm × 40 mm 的铱坩埚中。晶体生长是在含有 0.5%～2% O$_2$ 的气氛中进行，使用[100]方向的籽晶，以 1.5～2.5 mm/h 提拉速率和 6～12 r/min 的转速生长，生长出尺寸 42 mm × 26 mm × 46 mm 的 Nd^{3+}: YVO$_4$ 晶体。生长出的晶体在空气气氛中加热至 1200℃，恒温 24 h，然后以 30～50℃/h 的降温速率降温至室温，进行退火。退火后的晶体经 ZYGO GPI 干涉仪检测，Nd^{3+}: YVO$_4$ 晶体的光学均匀性达到 4×10^{-6}，获得高质量的 Nd^{3+}: YVO$_4$ 晶体，如图 9-14 和图 9-15 所示。表 9-4 列出生长 YVO$_4$ 和 Nd^{3+}: YVO$_4$ 晶体的工艺条件。

图 9-14　提拉法生长的 Nd^{3+}: YVO$_4$ 晶体[45]

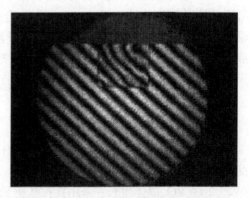

图 9-15　Nd^{3+}: YVO$_4$ 晶体的干涉条纹[45]

表 9-4　提拉法生长 YVO₄ 和 Nd³⁺: YVO₄ 晶体的生长条件

生长条件	YVO₄ 晶体	Nd³⁺:YVO₄ 晶体
铱坩埚尺寸	ϕ70 mm × 40 mm	ϕ80 mm × 40 mm
籽晶方向	[001]	[100]
Nd³⁺浓度	—	0.5at%
提拉速率	1.5～2.5 mm/h	1.5～2.5 mm/h
转动速率	5～10 r/min	6～12 r/min
气氛	N₂（含 0.5%～2% O₂）	N₂（含 0.5%～2% O₂）
晶体尺寸	ϕ42 mm × 42 mm	42 mm × 26 mm × 46 mm

"优质掺钕钒酸钇晶体生长及开发" 2004 年获福建省科技进步奖二等奖，获奖人：吴少凡、王国富等，获奖单位：中国科学院福建物质结构研究所。

"优质钒酸盐晶体研制" 2005 年获中国石油和化学工业联合会科技进步奖一等奖，获奖人：吴少凡、王国富等，获奖单位：中国科学院福建物质结构研究所。

9.4　非线性光学晶体磷酸氧钛钾的
水热法生长[46-52]

磷酸氧钛钾 KTiOPO₄（KTP）晶体是一种优秀的非线性光学晶体，具有超极化率大、相位匹配波长范围宽、温度窗口良好的特点，其非线性光学系数、起动规律阈值、倍频转换效率、激光损伤阈值、相位匹配灵敏度及偏振发散等性能优异。KTP晶体主要应用于 1.064 μm 和 1.32 μm Nd: YAG 激光器的首选倍频材料，并可广泛应用于固体激光系统，另外还可用于参量振荡、混频等。KTP 晶体是非同成分熔化化合物，在 1170℃非同成分熔化。因此，必须采用熔盐法或水热法生长 KTP 晶体。然而，熔盐法生长出来的 KTP 晶体，与水热法生长的 KTP 晶体相比，其完整性、纯度及均匀性都较差，其光损伤阈值至少低一个量级，电导率高一个量级[46]。

9.4.1　磷酸氧钛钾晶体结构和非线性光学性能

KTP 晶体结构[47]：KTP 晶体属于斜方晶系，*Pna*2₁空间群，晶胞参数：$a = 12.814$ Å，$b = 10.616$ Å，$c = 6.404$ Å，$Z = 8$。图 9-16 示出 KTP 晶体在[010]方向上的投影图。KTP 晶体由 TiO₆ 八面体和 PO₄ 四面体在三维空间交替组成，形成…—（PO₄）—（TiO₆）—（PO₄）—（TiO₆）—…的陈列，在陈列中存在…—O—Ti—O—Ti—…键，P 原子

为四配位，Ti 原子为六配位，K 原子处于这些链状网络的间隙中，为八配位或九配位。而在…—O—Ti—O—Ti—…链中，Ti—O 键键长不一，其长键、短键的键长最大差值可达 0.42 Å，这些长、短键交替连接的结构特征，是 KTP 晶体具有大的非线性光学系数的内在原因。

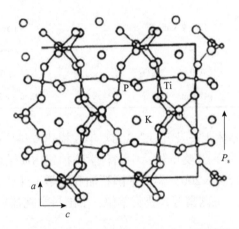

图 9-16　KTP 晶胞在[010]方向上的投影图

KTP 晶体基本物理和非线性光学性能：

熔点：1172℃非同成分熔化；

莫氏硬度：5.7；

相转变温度（居里点）：936℃；

热导率：0.13 W/（cm·K）；

热膨胀系数：x 轴方向：11×10^{-6}/K，

　　　　　　y 轴方向：9×10^{-6}/K，

　　　　　　z 轴方向：0.6×10^{-6}/K；

透光波段：350～45000 nm；

非线性光学系数：$d_{31} = \pm 6.5 \times 10^{-12}$m/V，

　　　　　　　　$d_{32} = \pm 5 \times 10^{-12}$m/V。

9.4.2　磷酸氧钛钾水热法晶体生长[48-52]

1976 年 Zumsteg 等[48]首先使用水热法合成和生长出 KTP 微晶，他们在 304 MPa 的压强下，将 TiO$_2$ 的高温饱和磷酸盐溶液从 850℃降至 600℃，然后淬火取出。这种方法不仅条件苛刻，技术困难，而且难以获得大的晶体。后来 Laudise 等[49,50]和 Jia 等[51]先后采用不同生长条件生长出 KTP 晶体。但是水热法生长 KTP 晶体存在一个明显的缺点，即在 2.8 μm 波段存在由 OH⁻ 基团引起的吸收峰，而助熔剂法生长的晶体不存在这一吸收峰。20 世纪 80 年代初各国科学家纷纷采用助熔剂法来生长 KTP 晶体。我国山东大学晶体材料研究所和北京人工晶体研究院均采用助熔剂法生长出高质量的 KTP 晶体。目前商业化 KTP 晶体主要通过助熔剂生长方法进行制备的，但是所生长的 KTP 晶体的损伤阈值较低，此缺点限制了在高功率激光器中的某些应用。

2006 年中国有色桂林地质矿产研究院有限公司张昌龙和中国科学院福建物质结构研究所王国富等[52]采用水热法，使用一种改进的溶液，生长出 KTP 晶体，最大尺寸达 14.5 mm × 28 mm × 17 mm，损伤阈值高达 9.5 GW/cm²，如图 9-17 所示。表 9-5 中列出 KTP 晶体水热法的生长工艺条件。

图 9-17　水热法生长 KTP 晶体[52]

表 9-5　水热法生长 KTP 晶体的工艺条件

原料	助熔剂法生长压碎的 KTP 晶体
矿化剂	2.0mol% K₂HPO₄ + 0.1mol% KH₂PO₄ + 1wt% H₂O₂
矿化剂填充度	65%～70%
挡板的开口区域	5%～10%
籽晶方向	[011]和球状籽晶
溶解温度	470～540℃
生长温度	400～470℃
温度梯度	50～70℃
压强	120～150 MPa
生长周期	约 30 d

　　按照 KTP 晶体在 x-y 面上的 Ⅱ 类二倍频（SHG）的相匹配角切割出尺寸为 3 mm × 3 mm × 7 mm 的样品，测量了它在 200～3000 nm 波长范围的透过率曲线，如图 9-18 所示。在 450～2500 nm 波长之间，水热法生长的 KTP 晶体透过曲线非常平坦，没有任何谷值，透过率高达 80%以上。在近 2750 nm 波长处存在一个尖锐的吸收峰，它是由 OH⁻基团引起的吸收峰，但不影响 1064 nm 波长激光的倍频光转换。

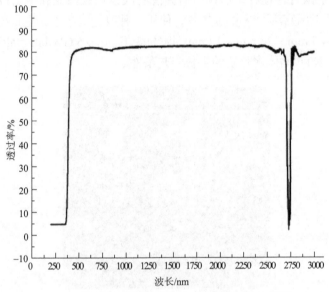

图 9-18　水热法生长的 KTP 晶体透过光谱[52]

　　表 9-6 列出检测 KTP 晶体损伤阈值的实验条件，根据公式 $E/\pi TR^2$，式中 E 为激光输出能量，T 为温度，R 为激光束半径，那么计算出在 1064 nm 波长激光辐射下 KTP 晶体的损伤阈值高达 9.5 GW/cm²。

表 9-6　检测水热法生长的 KTP 晶体的损伤阈值实验条件

激光器	透过镜片聚焦的 Q 开关 Nd: YAG 激光
激光波长	1064 nm
激光模式	TEM_{00}
脉宽	10 ns
激光光束直径	0.2 mm

9.5 大尺寸非线性光学晶体磷酸二氢钾

水溶液生长[53-64]

磷酸二氢钾（KH_2PO_4），简称 KDP 晶体，是 20 世纪 40 年代末发展起来的一种多功能的光电子晶体材料，KDP 作为性能优良的压电晶体材料，主要被应用于制造声纳和民用压电换能器等。同时 KDP 晶体又是一种电光系数高的晶体材料，故在电光调制器、Q 开关和高速摄影用的快门等元器件方面有着广泛的应用。20 世纪 60 年代，随着激光技术出现，由于 KDP 晶体具有较大的非线性光学系数和较高的激光损伤阈值，而且晶体从近红外到紫外波段都有很高的透过率及拥有双折射系数高的特性，通常被用作 Nd: YAG 激光器的二、三、四倍频器件（室温条件下）。1985 年，劳伦斯利弗莫尔国家实验室（Lawrence Livermore National Laboratory，LLNL）建造了全球最大的激光核聚变装置"偌瓦"（Nova），其 10 路激光光束产生的总能量超过 10 kJ，1994 年，该装置经过升级改造后，其峰值功率（10^{15} W）相当于全美国电网总功率的 10^3 倍。激光核聚变装置"偌瓦"在高功率激光系统受控热核反应、核爆模拟等重大技术上有极其重要的应用，而 KDP 类晶体是目前唯一可用于激光核聚变工程中的非线性光学材料。20 世纪 70 年代国内外开始进行大尺寸 KDP 晶体生长的研究。国外主要有美国 ClLeveland 晶体公司和 Inrad 公司，苏联的结晶学研究所和应用物理研究所[53]和日本大学等[54]，他们都研制出尺寸达 300～400 mm 的高光学质量、大口径的 KDP 晶体。国内中国科学院福建物质结构研究所和山东大学晶体材料研究所是主要开展大截面 KDP 晶体的研究单位，先后分别生长出大尺寸的 KDP 晶体[55,56]。

9.5.1 磷酸二氢钾晶体结构和基本光学性能[57-59]

非线性光学晶体磷酸二氢钾，KDP 晶体，属于四方晶系，所属点群 D_{4h}，空间群为 $I\bar{4}2d$，单胞参数：$a = 7.4528$ Å，$b = 7.4528$ Å，$c = 6.9717$ Å，$Z = 4^{[57,58]}$。KDP 晶体的结构如图 9-19 所示，晶体结构中，每个 K 原子附近有 8 个相邻的 O 原子，每个 P 原子被位于近似四面体角顶的 4 个 O 原子所包围，以共价键形式结合成 PO_4 四面体基团，沿着 c 轴每个 P 原子与 K 原子以 $c_0/2$ 交替排列。每个 PO_4 四面体上方两个顶角的 O 原子与其上方相邻的两个 PO_4 四面体的顶角上 O 原子以氢键连接，而 PO_4 四面体下方的 O 原子又与下方相邻的两个 PO_4 四面体的顶角上 O 原子以氢键连接，这样连接的结果氢键几乎垂直于 c 轴，PO_4 四面体彼此之间由氢键和 K 原子连接成三维骨架型氢键体系。其理想外形如图 9-20 所示，由一个四方柱和上下两个四方锥聚合而成，具有简单的结晶习性、生长外形和高的对称性，易于加工成非线性光学材料元器件。

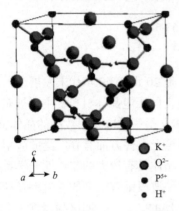

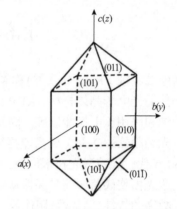

图 9-19　KDP 晶体结构图[57]　　　　图 9-20　KDP 晶体的理想外形图

KDP 晶体的主要物理和光学性能[59,60]如下。

光性：负光性单轴晶（$n_0 > n_e$）；

居里点：123 K；

密度：2.3325 g/cm^3；

透光波段：0.178～1.45 μm；

非线性光学光学系数：$d_{36} = 0.47 \times 10^{-12}$ m/V（1.06 μm）；

折射率色散公式（Sellmeier 方程）：

$n_0^2 = 2.259276 + 0.01008956 \big/ \left[\lambda^2 - 0.012942625 + 13.00552 \lambda^2 (\lambda^2 - 400) \right]$，

$n_e^2 = 2.132668 + 0.008637494 \big/ \left[\lambda^2 - 0.012881043 + 3.2279924 \lambda^2 (\lambda^2 - 400) \right]$；

非线性光学系数：$d_{36} = 0.47 \times 10^{-13}$ m/V（1.064 μm）；

线性电光系数 γ：$\gamma_{63}^{\sigma} = -10.5 \times 10^{-12}$ m/V，

$\gamma_{63}^{S} = 9.7 \times 10^{-12}$ m/V，

$\gamma_{41}^{\sigma} = 8.6 \times 10^{-12}$ m/V；

激光损伤阈值：＞5 GW/cm^2；

光吸收：0.07/μm；

纵向半波电压：$V_p = 7.65$ kV（$I = 546$ nm）。

9.5.2　大尺寸磷酸二氢钾晶体生长[55]

1986 年中国科学院福建物质结构研究所颜明山等[55]首先采用水溶液降温法培养出高质量的 KDP 籽晶，在 pH 为 4.5 左右的 KDP 溶液中加入少量的 EDTA 钠盐。在溶液中 EDTA 钠盐可有效地阻止有害离子对晶面的吸附，从而加快 KDP 晶体的柱面生长速度，在 x、y 轴方向上每天可生长出 3 mm 厚的晶体，获得截面为 200 mm × 210 mm 的 KDP 籽晶。籽晶片分别沿着垂直于 Z 轴的 Z 切割和平行于锥面的斜型切割。由于 Z 切晶片生长的晶体靠近"成锥"部位的晶体质量较差，影响晶体的利用率。而采用透明完整的斜切晶锥作籽晶可生长出较为理想的晶体，并有效提高晶体的利用率。生长大截面高光学质量的 KDP 晶体，一般采用透明晶锥或斜切晶片作籽晶比较合适。

KDP 晶体生长所需的原材料的纯度和培养液中的有害杂质离子对 KDP 晶体的质量影响显著。由于磷酸二氢钾（KH_2PO_4）是种酸式磷酸盐，其磷酸根离子本身就会络合许多有害离子，采用一般的重结晶方法难以得到高纯度的溶液。在 KDP 溶液中加入少量的 EDTA 络合剂，然后进行重结晶，结果 Al、Cr、Fe 等杂质离子的含量明显降低至 1 ppm 左右。也可在晶体培养液中直接加入 EDTA 络合剂，也能有效地阻止有害离子进入晶格中。

培养液中除有害杂质离子外，还存在不溶性微小杂质，这些不溶性微颗粒会在晶体中产生光散射。通常采用 0.3 μm 过滤膜过滤溶剂和溶液，并在全密闭系统中进行溶液的过滤和转移。结果表明，通过过滤能克服溶液中不溶性颗粒对晶体光散射的影响，获得光散射少、光学均匀性好和折射率均匀性达到 $\Delta(n_0-n_e) \leqslant 10^{-6}$ 的高质量的晶体。图 9-21 是美国 LLNL 实验室使用的全密闭系统连续进行溶液过滤、转移和生长的大尺寸 KDP 晶体生长装置[61]。

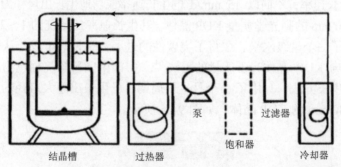

图 9-21　LLNL 实验室设计的全密闭连续过滤的生长大尺寸 KDP 晶体装置[61]

在一定生长条件下，培养槽中晶体的取向对晶体外形影响显著，"垂直棱取向"和"单锥朝下"是比较合理的生长方法，如图 9-22 所示，生长出 110 mm × 110 mm × 420 mm 的宏观对称完美的 KDP 晶体（图 9-23）。采用单锥朝下的生长方式在相同容积的培养缸中可培养出尺寸更大的晶体。近年通过不断改进晶体生长工艺，采用传统的生长方可生长出尺寸超过 280 mm × 470 mm × 720 mm 的 KDP 晶体，如图 9-24 所示。

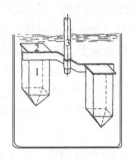

图 9-22　籽晶在培养槽中的取向[55]

1. 晶体；2. 挡板；3. 转动的载晶架

图 9-23　KDP 晶体[55]

尺寸：110 mm × 110 mm × 420 mm

　　但传统生长方法的 Z 向生长速率仅为 1～2 mm/d，需要用至少 1000 L 的大型生长槽，才能满足 Nova 装置所需的大尺寸 KDP 晶体的要求，而且生长周期长达近 2 年，生产成本高，难以满足对 KDP 晶体的大量需求。从 19 世纪 90 年代，快速生长大尺寸、高质量 KDP 晶体成为国际研究热点，快速生长 KDP 晶体对晶体生长条件要求高，要求溶液有很高的稳定性，同时要求 KDP 晶体的光学均匀性高、缺陷少，具有高的光学质量，才能满足高功率激光器对 KDP 晶体的要求。1995 年美国 Zaitseva 等[62]进行了快速 KDP 晶体生长方法研究，用 3 个月时间生长出尺寸达 50 mm × 50 mm × 160 mm 的 KDP 晶体，生长速率达 10～40 mm/d。1997 年，Zaitseva 等[63]在 1000 L 的大型生长装置中，采用点籽晶生长方式，X、Y 方向以 7～8 mm/d 的生长速率，Z 向以 15 mm/d 的生长速率成功地生长出尺寸为 450 mm × 450 mm × 460 mm 的高光学质量 KDP 晶体。其生长速率比传统的 1～2 mm/d 的生长速率提高了一个量级水平，取得了突破性的进展，并打破了以前认为快速生长的柱面会影响 KDP 晶体光学质量的看法[64]。目前中国科学院福建物质结构研究所采用快速生长方法，只用了 3 个月生长周期，已生长出超大口径的 635 mm × 555 mm × 530 mm 的 KDP 晶体，如图 9-25 所示。

图 9-24　传统生长的 KDP 晶体

生长周期 15 个月，晶体尺寸：280 mm × 470 mm×720 mm

图 9-25 快速生长的 KDP 晶体

生长周期 3 个月，晶体尺寸：635 mm × 555 mm × 530 mm

"高质量与大口径 KDP 类型晶体的研制" 1996 年获国家科技进步奖二等奖，获奖人：颜明山，苏根博等，获奖单位：中国科学院福建物质结构研究所。

9.6 紫外非线性光学晶体大尺寸三硼酸锂的顶部籽晶助熔剂法生长[65-84]

三硼酸锂（LiB_3O_5），简称 LBO，是中国科学院福建物质结构研究所发明的另外一种优秀的紫外非线性光学晶体[65]。LBO 晶体具有优异的光学质量，极高的激光损伤阈值和紫外透过能力，也具有良好的倍频效应，是目前最具应用价值的新型紫外倍频晶体之一。作为目前应用比较广泛的一种倍频器件，其晶体内部光学均匀性良好、透过波段比较宽，具有较高的匹配效率和激光损伤阈值，所以被广泛应用于高功率倍频、三倍频、四倍频及和频、差频等领域。另外，它在参量振荡、参量放大、光波导及电光效应方面也有良好的应用前景。大尺寸 LBO 晶体除了能够满足超快超强激光技术对非线性晶体器件超大口径、高抗光损伤阈值的要求，促进超高功率高能激光技术的发展外，也是未来高重频聚变核能发电的首选非线性光学变频晶体，将促进激光聚变跨越式的发展。

9.6.1 三硼酸锂晶体结构和基本光学性能

LBO（LiB_3O_5）晶体属正交晶系，$Pna2_1$ 空间群，单胞参数：$a = 8.4473$ Å，$b = 7.3788$ Å，$c = 5.1395$ Å，$Z = 2$[66-68]。图 9-26 示出 LBO 晶体结构示意图，LBO 晶体的结构基元是 (B_3O_7) 三维骨架型硼氧阴离子基团，它是由 1 个 BO_4 四面体和 2 个 BO_3 三角形组成的 (B_3O_7) 硼氧六元环，Li 离子位于骨架之中，其理想外形如图 9-27 所示。由于 LBO 晶体具有这种连续网状 $(B_3O_7)_{n\to\infty}$ 分子组成，并有 Li^+ 填充在分子之间，比 Li⁺ 大的其他离子很难进入到晶格间隙中，因此在晶体生长过程中晶体不含有细小的包裹体或其他微小颗粒，从而使生长出来的晶体具有优异的光学质量。

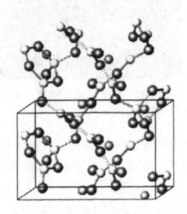

图 9-26　LBO 晶体结构[68]

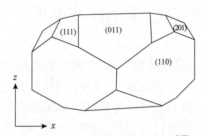

图 9-27　LBO 晶体理想外形图[67]

LBO 晶体的基本物理和非线性光学性能如下[65,69]。

不一致融熔点：(834 ± 4)℃；

莫氏硬度：6；

热膨胀系数：$\alpha_x = 10.8 \times 10^{-5}$/K，$\alpha_y = -8.8 \times 10^{-5}$/K，$\alpha_z = 3.4 \times 10^{-5}$/K；

热导系数：3.5 W/（m·K）；

透过波段：160～2600 nm；

可发生相位匹配的二次谐波波段：551～2600 nm；

损伤阈值：3 ns 脉宽的 1053 nm 激光可达 10 GW/cm²；

非线性光学系数：

$$d_{31} = (1.05 \pm 0.09) \text{ pm/V},$$
$$d_{32} = (-0.98 \pm 0.09) \text{ pm/V},$$
$$d_{33} = (0.05 \pm 0.006) \text{ pm/V};$$

有效非线性光学系数：

$$d_{\mathrm{eff}}（\mathrm{I}）= d_{32}\cos\varphi----（在\ X\text{-}Y\ 面最佳\ \mathrm{I}\ 类匹配）$$

$$d_{\mathrm{eff}}（\mathrm{I}）= d_{31}\cos^2\varphi + d_{32}\sin^2\varphi----（在\ X\text{-}Z\ 面最佳\ \mathrm{I}\ 类匹配）$$

$$d_{\mathrm{eff}}（\mathrm{II}）= d_{31}\cos\theta---（在\ Y\text{-}Z\ 面最佳\ \mathrm{II}\ 类匹配）$$

$$d_{\mathrm{eff}}（\mathrm{II}）= d_{31}\cos^2\theta + d_{32}\sin^2\theta---（在\ X\text{-}Z\ 面最佳\ \mathrm{II}\ 类匹配）$$

9.6.2　三硼酸锂晶体生长[67,70-86]

LBO 晶体是一种包晶化合物，非同成分熔融于(834 ± 4)℃[70]，如图 9-28 所示，因此 LBO 单晶必须采用助熔剂法生长，在其分解温度以下生长此晶体。

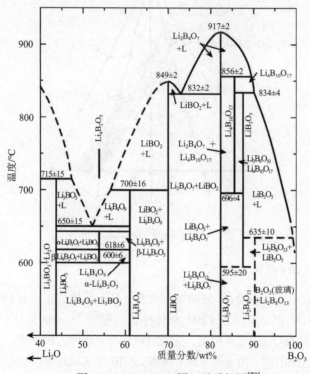

图 9-28　$Li_2O\text{-}B_2O_3$ 赝二元系相图[70]

1. 助熔剂的选择

众所周知，顶部籽晶助熔剂生长（TSSG）法晶体生长中所选择的助熔剂是至关重要的。理想的助熔剂应具备低的黏滞度、低的挥发性和高的溶解度。早期，最初许多文献报道主要使用含有过量 B_2O_3 作为助熔剂，成功应用 TSSG 技术，生长出 LBO 晶体[67,70-78]。然而，从 B_2O_3 自熔剂中生长 LBO 的一个重大问题是溶液的黏度相当高，导致溶质传输困难，容易在晶体中产生包裹，无法得到高质量的单晶。

1996 年，Parfeniuk 等[79]首次报道将 MoO_3 作为助熔剂生长 LBO 晶体。1997 年 Pylneva 等[80]研究了 Li_2O-B_2O_3-MoO_3 三元系相图（图 9-29），并详细研究三元系中 LiB_3O_5-MoO_3、LiB_3O_5-$Li_4Mo_5O_{17}$ 和 LiB_3O_5-$Li_4Mo_5O_{17}$-MoO_3 三元系的相关系。1999 年 Pylneva 等[81]采用 X 射线衍射方法进一步详细研究了 Li_2O-B_2O_3-MoO_3 三元系相图，并确定了 LBO 晶体在 Li_2O-B_2O_3-MoO_3 三元系中的生长区域，如图 9-29 中阴影所示。研究结果表明，该体系能显著降低熔体的黏度，有利于生长出高质量晶体，并生长出尺寸为 100 mm × 82 mm × 45 mm、重 290 g 的 LBO 单晶。

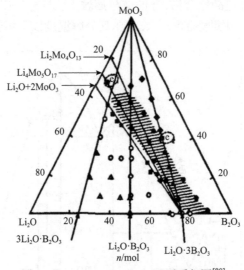

图 9-29　Li_2O-B_2O_3-MoO_3 三元系相图[80]

2. 大尺寸 LBO 晶体生长[82-86]

从此，采用 B_2O_3-MoO_3 作为助熔剂生长 LBO 晶体引了广泛的注意，国内外学者纷纷开展大尺寸、高质量 LBO 晶体生长研究[82-86]。2005 年，Pylneva 等[82]依据 Li_2O-B_2O_3-MoO_3 三元系相图，采用 B_2O_3-MoO_3 作为助熔剂，利用顶部籽晶助熔剂生长法生长出约 570 g 的 LBO 晶体。2010 年 Kokh 等[83]应用热场对称性控制的方法，从熔体中生长出了质量为 1379 g、尺寸为 148 mm × 130 mm × 89 mm 的大尺寸 LBO 单晶（图 9-30），并获得了 ϕ65 mm × 20 mm 的 LBO 晶体器件（图 9-31）。2020 年，中国科学院理化技术研究所采用（100）方向籽晶生长出重 2327 g、尺寸为 192 mm × 130 mm × 89 mm 的 2 kg 级 LBO 晶体（图 9-32）[85,86]。2022 年，中国科学院福建物质结构研究所采用完全匹配方向技术生长出质量为 3136 g、尺寸为 253 mm × 152 mm × 96 mm 的 3 kg 级 LBO 单晶（图 9-33）。表 9-7 列出 TSSG 法生长的 800 g 重的 LBO 晶体的基本生长参数。

图 9-30　TSSG 方法生长的 LBO 晶体[83]

图 9-31　LBO 晶体的器件（镀增透膜）[83]

图 9-32　中国科学院理化技术研究所制备的 2327 g LBO 单晶[85,86]

图 9-33　中国科学院福建物质结构研究所制备的 3136 g LBO 单晶

表 9-7　TSSG 法生长的 LBO 晶体的生长条件

助熔剂	B_2O_3-MoO_3
助熔剂浓度	40mol%
坩埚尺寸	ϕ180 mm × 150 mm
籽晶方向	[001]
降温速率	0.1~0.5℃/d
转动速率	3~20 r/min
生长晶体尺寸	ϕ100 mm × 40 mm，800 g

参 考 文 献

[1] 陈创天, 吴柏昌, 江爱栋, 等. 新型紫外倍频晶体β-BaB₂O₄ 的光学性能和生长[J]. 中国科学

B, 1985, 28: 235.

[2] Levin E M, Mcmurdie H F. The system BaO-B$_2$O$_3$[J]. J Res Nat Bur Stand, 1949, 42: 131-138.

[3] 梁敬魁, 张玉苓, 黄清镇. BaB$_2$O$_4$相变动力学的研究[J]. 化学学报, 1982, 40: 994-1000.

[4] 卢绍芳, 何美云, 黄金陵. 偏硼酸钡低温相的晶体结构[J]. 物理学报, 1982, 31: 948-955.

[5] Itoh K, Marumo F, Kuwano Y. β-Barium borate single crystal growth by a direct Czochralski method[J]. J Cryst Growth, 1990, 106: 728-731.

[6] Kouta H, Kuwano Y, Itoh K, et al. β-BaB$_2$O$_4$ single crystal growth by Czochralski method Ⅱ[J]. J Cryst Growth, 1991, 114: 676-682.

[7] Kouta H, Imoto S, Kuwano Y. β-BaB$_2$O$_4$ single crystal growth by Czochralski method using α-BaB$_2$O$_4$ and β-BaB$_2$O$_4$ single crystals as a starting material[J]. J Cryst Growth, 1993, 128: 938-944.

[8] Tang D Y, Route R K, Feigelson R S. Growth of barium metaborate （BaB$_2$O$_4$） single crystal fibers by laser-heated pedestal growth method[J]. J Cryst Growth, 1988, 91: 81-89.

[9] Hengel R O, Fischer F. TSZM growth of β-BaB$_2$O$_4$ crystals[J]. J Cryst Growth, 1991, 114: 656-660.

[10] Bosenberd W R, Lane R J, Tang C L. Growth of large high quality β-barium metaborate crystals[J]. J Cryst Growth, 1991, 108: 394-398.

[11] Perlov D, Roth M. Isothermal growth of β-barium metaborate single crystals by continuous feeding in the top seeded solution growth configuration[J]. J Cryst Growth, 1994, 137: 123-127.

[12] Roth M, Perlov D. Growth of barium borate crystals from sodium fluoride solutions[J]. J Cryst Growth, 1996, 169: 734-740.

[13] Jiang A, Cheng F, Lin Q, et al. Flux growth of large single crystals of low temperature phase barium metaborate[J]. J Cryst Growth, 1986, 79: 963-969.

[14] Bordui P F, Calvert G D, Blachman R. Immersion seeded growth of large barium borate crystals from sodium chloride solution[J]. J Cryst Growth, 1993, 129: 371-374.

[15] Oseledchik Y S, Osadchukv V, Prosvirnin A L, et al. Growth of high quality barium metaborate crystals from Na$_2$O-NaF solution[J]. J Cryst Growth, 1993, 131: 199-203.

[16] Nikolov V, Peshev P, Khubanov K. On the growth of beta-BaB$_2$O$_4$（BBO） single crystals from high temperature solutions: Physicochemical properties of barium borate solution and estimation of the conditions of stable growth of BBO crystals from them Ⅱ[J]. J Solid State Chem, 1992, 97: 36-40.

[17] Huang Q, Liang Z. Studies on flux system for the single crystal growth of β-BaB$_2$O$_4$[J]. J Cryst Growth, 1989, 97: 720-724.

[18] 黄清镇, 梁敬魁. BaB$_2$O$_4$低温相单晶体的生长及其相关体系相图的研究[J]. 物理学报, 1981, 39: 559-564.

[19] 洪慧聪, 路冶平, 赵天德, 等. 低温相偏硼酸钡晶体的结晶习性[J]. 人工晶体学报, 1991, 20: 221.

[20] Bordui P F, Calvert G D, Blachman R. Immersion-seeded growth of large barium borate crystals from sodium chloride solution[J]. J Cryst Growth, 1993, 129: 371-374.

[21] Nikolov V, Peshev P. On the growth of β-BaB$_2$O$_4$（BBO） single crystals from high-temperature

solutions I[J]. J Solid State Chem, 1992, 96: 48-52.

[22] Feigelson R S, Raymakers R J, Route R K. Solution growth of barium metaborate crystals by top seeding[J]. J Cryst Growth, 1989, 97: 352-366.

[23] Chen W, Jiang A D, Wang G F. Growth of high-quality and large-sized β-BaB$_2$O$_4$ crystal[J]. J Cryst Growth, 2003, 256: 383-386.

[24] Zhou G Q, Xu J, Chen X D, et al. Growth and spectrum of a novel birafrigent α-BBO crystal[J]. J Cryst Growth, 1998, 191: 517-519.

[25] Mighell A D, Perloff A, Block S. Crystal structure of high temperature from of barium borate BaO · B$_2$O$_3$[J]. Acta Crystallog, 1966, 20: 819-823.

[26] 王国富, 黄清镇, 梁敬魁. BaB$_2$O$_4$-SrOB$_2$O$_4$ 截面和 BaB$_2$O$_4$-SrO 截面的相平衡关系的研究[J]. 化学学报, 1984, 42: 503-508.

[27] 王国富. 结晶化学稳定剂影响化合物高温相稳定性的研究[J]. 无机材料学报, 1991, 6: 326-329.

[28] Wu S F, Wang G F, Xie J L, et al. Growth of large birefringent α-BBO crystal[J]. J Cryst Growth, 2002, 245: 84-86.

[29] Huang Y S, Wang G J, Zhang L Z, et al. Growth and optical properties of high-quality and large sized ultraviolet birefrigent of Ba$_{1-x}$Sr$_x$B$_2$O$_4$ （x = 0. 006 ~ 0. 13） solid solution[J]. J Cryst Growth, 2011, 324: 255-258.

[30] Chakoumakos B C, Abraham M M, Boatner L A. Crystal structure refinements of zircon-type MVO$_4$ （M = Sc, Y, Ce, Pr, Nd, Tb, Ho, Er, Tm, Yb, Lu）[J]. J Solid State Chem, 1994, 109: 197-202.

[31] Rubin J J, Vanuiter L G. Growth of large yttrium vanadate single crystals for optical maser studied[J]. J Appl Phys, 1966, 37: 2920-2925.

[32] Muto K, Awazu K. Growth of yttrium vanadate crystal by modified floating zone technique[J]. Japan J Appl Phys, 1969, 8: 1360-1365.

[33] 于亚勤, 宋小羽, 宋明淑. YVO$_4$: RE^{3+} （RE: Pr、Sm、Tb、Es、Dy）晶体的研究[J]. 人工晶体学报, 1993, 22: 91-95.

[34] Erdei S, Johnson G G, Ainger F W. Growth studies of YVO$_4$ crystals （Ⅱ） changes in Y-V-O-stoichiometry[J]. Cryst Res Technol, 1994, 29: 815-828.

[35] 孟宪林, 祝俐, 张怀金, 等. 掺钕钒酸钇单晶生长研究[J]. 人工晶体学报, 1999, 28: 23-26.

[36] Yan X L, Wu X, Zhou J F, et al. Growth of Tm: Ho: YVO$_4$ lager single crystals by the floating zone method[J]. J Cryst Growth, 2000, 212: 204-210.

[37] Huang C H, Chen J C, Hu C. YVO$_4$ single crystal fiber growth by LHPG method[J]. J Cryst Growth, 2000, 211: 237-241.

[38] Yan X L, Wu X, Zhou J F, et al. Growth of large single crystals Er: YVO$_4$ by floating zone method[J]. J Cryst Growth, 2000, 220: 543-547.

[39] Zhang H J, Meng X L, Zhu L, et al. Growth, spectra and influence of annealing effect on laser properties of Nd: YVO$_4$ crystal[J]. Opt Mater, 2000, 14: 25-30.

[40] Shonal T, Higuchi M. Preparation of thin Nd-YVO$_4$ single crystal rods by the floating zone[J]. Mater Res Bull, 2000, 35: 225-232.

[41] Zhang H J, Meng X L, Liu J H, et al. Growth of lowly Nd doped GdVO$_4$ single crystal and its laser properties[J]. J Cryst Growth, 2000, 216: 367-371.

[42] Huang C H, Chen J C. Nd: YVO$_4$ single crystal fiber growth by the LHPG method[J]. J Cryst Growth, 2001, 229: 184-187.

[43] Zhang L Z, Wang G F, Lin S K. Synthesis, growth and spectral properties of Tm^{3+}/Yb^{3+}-codoped YVO$_4$ crystal[J]. J Cryst Growth, 2002, 241: 325-329.

[44] Wu S F, Wang G F, Xie J L, et al. Growth of large birefrigent YVO$_4$ crystal[J]. J Cryst Growth, 2003, 249: 176-178.

[45] Wu S F, Wang G F, Xie J L. Growth of high quality and large-sized Nd^{3+}: YVO$_4$ single crystal[J]. J Cryst Growth, 2004, 266: 496-499.

[46] 朱镛, 张道范, 杨华光, 等. 离子导体KTiOPO$_4$的电导和介电行为[J]. 人工晶体学报, 1989, 18: 218.

[47] Tordjman I, Masse R, Cuitel J C. Crystalline structure of monophosphate KTiPO$_5$[J]. Z Kirst, 1974, 139: 103-115.

[48] Zumsteg F C, Bierlin J D, Gier T E. K$_x$Rb$_{1-x}$TiOPO$_4$-new nonlinear optical material[J]. J Appl Phys, 1976, 47: 4980-4985.

[49] Laudise R A, Cava R J, Caporaso A J. Phase-relations, solubility and growth of potassium titanyl phosphate, KTP[J]. J Cryst Growth, 1986, 74: 275-280.

[50] Laudise R A, Sunder W A, Belt R F. Gashurov G, Solubility and P-V-T relations and the growth of potassium titanyl phosphate[J]. J Cryst Growth, 1990, 102: 427-432.

[51] Jia S Q, Niu H D, Tan J G, et al. Hydrothermal growth of KTP crystals in the mendium range of temperature and pressure[J]. J Cryst Growth, 1990, 99: 900-904.

[52] Zhang C L, Huang L X, Zhou W N, et al. Growth of KTP crystals with high damage threshold by hydrothermal method[J]. J Cryst Growth, 2006, 292: 364-367.

[53] Potapenko S Y. 2-Dimensional mass transfer models for high-rate crystal growth fromsolution[J]. J Cryst Growth, 1993, 133: 132-140.

[54] Sasaki T, Yokotani A. Growth of large KDP crystals for fusion experiments[J]. J Cryst Growth, 1990, 99: 820-826.

[55] 颜明山, 吴德祥, 曾金波, 等. 大截面KDP类型晶体生长[J]. 人工晶体学报, 1986, 1: 1-4.

[56] 鲁智宽, 高樟华, 李文平, 等. 溶液循环流动法生长大尺寸KDP晶体[J]. 人工晶体学报, 1996, 25: 19-22.

[57] Well J. A quantitative X-ray analysis of the structure of potassium dihydrogen phosphate （KH$_2$PO$_4$）[J]. Z Krist, 1930, 74: 306-332.

[58] Morosin B, Samara G A. Pressure effects on the lattice parameters and structure of KH$_2$PO$_4$-type crystals[J]. Ferroelect, 1971, 3: 49-56.

[59] 张霞, 候海军. 晶体生长[M]. 北京: 化学工业出版社, 2019.

[60] Smith W L. KDP and ADP Transmission in vacuumuv/raviolet[J]. Appl Opt, 1977, 6: 1798-1798.

[61] de Yoreo J J, Burnham A K, Whitman P K. Developing KH$_2$PO$_4$ and KD$_2$PO$_4$ crystals for the world's most powerful laser[J]. Inter Mater Rev, 2002, 47: 113-115.

[62] Zaitseva N P, Rashkovich L N, Bogatyreva S V. Stability of KH$_2$PO$_4$ and K（H$_2$O）$_2$PO$_4$ solutions

at fast crystal growth rates[J]. J Cryst Growth, 1995, 148: 276-282.

[63] Zaitseva N P, de Yoreo J J, Dehaven M R, et al. Rapid growth of large-scale （40 ~ 55 cm） KH_2PO_4 crystals[J]. J Cryst Growth, 1997, 180: 255-262.

[64] 苏根博, 曾金波, 贺友平, 等. 大截面 KDP 晶体在激光核聚变研究中的应用[J]. 人工晶体学报, 1997, 6: 717-719.

[65] Chen C T, Wu Y C, Jiang A D, et al. New nonlinear optical crystal LiB_3O_5[J]. J Opt Soc Am B: Opt Phys, 1989, 6: 616-621.

[66] Konig H, Hoppe R. Borates of alkaline metals. 2. Knowledge of LiB_3O_5[J]. Z Anorg Allog Chem, 1978, 439: 71-79.

[67] 赵书清, 张红武, 黄朝恩, 等. 非线性光学新晶体三硼酸锂的生长、结构及性能[J]. 人工晶体, 1989, 1: 9-17.

[68] Radaev S F, Maximov B A, Simonov V I, et al. Deformation density in lithium triborate, LiB_3O_5[J]. Acta Crystallog B: Struct Sci, 1992, 48: 154-160.

[69] 张克从, 王希敏. 非线性光学晶体材料科学[M]. 北京: 科学出版社, 1996 .

[70] Sastry B S R, Hummel F A. Studies in lithium oxide systems: I, Li_2O-B_2O_3[J]. J Am Ceram Soc, 1958, 41: 216-218.

[71] 唐鼎元. Study on growth of lithium triborate （LBO） single crystals[J]. 人工晶体学报, 1991, Z1: 189.

[72] Markgraf S A, Furukawa Y, Sato M. Top-seeded solution growth of LiB_3O_5[J]. J Cryst Growth, 1994, 140: 343-348.

[73] Shumov D P, Nikolov V S, Nenov A T. Growth of LiB_3O_5 single crystals in the Li_2O-B_2O_3 system[J]. J Cryst Growth, 1994, 144: 218-222.

[74] Shumov D P, Nenov A T, Nihtianova D D. Inclusions in LiB_3O_5 crystals obtained by the top-seeded solution growth method in the Li_2O-B_2O_3 system. 1. [J]. J Cryst Growth, 1996, 169: 519-526.

[75] Kim H G, Kang J K, Lee S H, et al. Growth of lithium triborate crystals by the TSSG technique[J]. J Cryst Growth, 1998, 187: 455-462.

[76] 郝志武, 马晓梅. 高质量非线性光学晶体三硼酸锂（LBO）的熔盐生长[J]. 人工晶体学报, 2002, 31: 124-126.

[77] Sabhurwal S C, Tiwari B. Sangeeta, Investigations on the growth of LiB_3O_5 crystal by top-seed solution growth technique[J]. J Cryst Growth, 2004, 263: 327-331.

[78] Kim H G, Kang J K, Lee S H, et al. Growth of lithium triborate crystal by the TSSG technique[J]. J Cryst Growth, 1998, 187: 455-462.

[79] Parfeniuk C, Samarasekera I V, Weinberg F. Growth of lithium triborate crystals. I. Mathematical model[J]. J Cryst Growth, 1996, 158: 514-522.

[80] Pylneva N A. Bazarova Z G, Kononova N G, et al. Crystallization of lithium triborate LiB_3O_5 in the Li_2O-B_2O_3-MoO_3 system[J]. Russ J Appl Chem, 1997, 70: 1812-1814.

[81] Pylneva N A, Koronova N G, Yurkin A M, et al. Growth and non-linear optical properties of lithium triborate crystals[J]. J Cryst Growth, 1999, 198: 546-550.

[82] Pylneva N A, Tsirkina N, Prokhorov L. Thermal field configuration technique for growth of

large LBO crystals in a flux by TSSG method[C]. Grenoble: The fourteenth International Conference on Crystal Growth（ICCG-14）, 2005: 561.

[83] Kokh A, Kononova N, Mennerat G, et al. Growth of high quality large size LBO crystals for high energy second harmonic generation[J]. J Cryst Growth, 2010, 312: 1774-1778.

[84] Martirosyan N S, Kononova N G, Kokh A E. Growth of lithium triborate（LiB_3O_5）single crystals in the Li_2O-B_2O_3-MoO_3 system[J]. Crystallog Reports, 2014, 59: 772-777.

[85] Hu Z G, Zhao Y, Yue Y C, et al. Large LBO crystal growth at 2 kg-level[J]. J Cryst Growth, 2011, 335: 133-137.

[86] Tu H, Hu Z G, Zhao Y, et al. Growth of large aperture crystal applied inhigh power OPCPA schemes[J]. J Cryst Growth, 2020, 546: 125728.